电脑艺术设计系列教材

剪映专业版视频剪辑
基础与实例教程

张 凡 编著

设计软件教师协会 审

机械工业出版社

本书属于实例教程类图书，基础知识和案例教学紧密衔接。全书分为 3 个部分，共 8 章。第 1 部分为基础入门，主要介绍影视剪辑基础理论和剪映专业版的基础知识；第 2 部分为基础实例演练，通过大量典型和具有代表性的实例讲解了视频基本剪辑和关键帧动画、转场和蒙版、特效、滤镜和调色、音频和文本的具体应用；第 3 部分为综合实例演练，综合运用前面各章的知识讲解了 3 个实例的具体制作方法，旨在拓宽读者的思路，做到举一反三。

本书给出了以二维码链接的微课视频，并通过网盘（获取方式见封底）提供大量高清晰度的教学视频文件，以及所有实例的素材和源文件，供读者学习时参考。

本书可作为本、专科院校艺术类、数字媒体类及相关专业师生和社会培训班学员的教材，也可作为视频剪辑爱好者的自学和参考用书。

本书配有授课电子课件，需要的教师可登录 www.cmpedu.com 免费注册，审核通过后下载，或联系编辑索取（微信：13146070618，电话：010-88379739）。

图书在版编目（CIP）数据

剪映专业版视频剪辑基础与实例教程 / 张凡编著. —北京：机械工业出版社，2023.11
电脑艺术设计系列教材
ISBN 978-7-111-74295-1

Ⅰ.①剪… Ⅱ.①张… Ⅲ.①视频编辑软件 - 教材 Ⅳ.① TP317.53

中国国家版本馆 CIP 数据核字（2023）第 226161 号

机械工业出版社（北京市百万庄大街 22 号 邮政编码 100037）
策划编辑：郝建伟　　　　　责任编辑：郝建伟　解　芳
责任校对：张晓蓉　李小宝　责任印制：李　昂

河北鹏盛贤印刷有限公司印刷

2024 年 2 月第 1 版 第 1 次印刷

184mm×260mm · 17.5 印张 · 420 千字
标准书号：ISBN 978-7-111-74295-1
定价：99.00 元

电话服务　　　　　　　　　网络服务
客服电话：010-88361066　机 工 官 网：www.cmpbook.com
　　　　　010-88379833　机 工 官 博：weibo.com/cmp1952
　　　　　010-68326294　金 书 网：www.golden-book.com
封底无防伪标均为盗版　机工教育服务网：www.cmpedu.com

前　言

　　剪映是近几年发展起来的由抖音官方推出的一款国产视频编辑软件，带有全面的剪辑功能，支持变速，有多样滤镜和美颜的效果，有丰富的曲库资源。各大电商平台（如抖音、京东、拼多多等）发布的日常、美食、吃播制作等都会用到它，软件受众群极广，普及性很好。剪映软件分为手机版和专业版两个版本，其中手机版可以在手机移动端、Pad 端使用，而专业版可以在 Windows 计算机、Mac 计算机中使用。

　　本书是由设计软件教师协会组织编写的。全书通过大量的精彩实例将艺术灵感和计算机技术结合在一起，全面阐述了剪映专业版的使用方法和技巧。

　　本书最大的亮点是书中所有实战案例均配有多媒体教学视频。另外，为了便于院校教学，本书配有电子课件和教学大纲。

　　本书属于实例教程类图书，基础知识和案例教学紧密衔接。全书分为 3 个部分，共 8 章，书中每个实例都包括要点和操作步骤两部分，以便读者理清思路。本书内容全面、由浅入深。对于初学者可从基础入门部分开始学习；对于有一定基础的读者，可从基础实例演练部分开始学习。读者通过本书可以全面、系统地掌握剪映专业版的使用技巧。

　　本书内容丰富，结构清晰，实例典型，讲解详尽，富有启发性。书中的实例是由多所高校（如北京电影学院、北京师范大学、中央美术学院、中国传媒大学、北京工商大学传媒与设计学院、首都师范大学、首都经济贸易大学、天津美术学院、天津师范大学艺术与设计学院等）具有丰富教学经验的优秀教师和有丰富实践经验的一线制作人员从多年的教学和实际工作中总结出来的。

　　为了便于读者学习，书中给出了以二维码链接的微课视频，并通过网盘（获取方式见封底）提供大量的高清晰度教学视频文件，以及所有实例的素材和源文件，供读者练习时参考。

　　本书可作为本、专科院校艺术类、数字媒体类及相关专业师生和社会培训班学员的教材，也可作为视频剪辑爱好者的自学和参考用书。

　　由于作者水平有限，书中难免有不妥之处，敬请读者批评指正。

编　者

目　　录

第 1 部分　基础入门

第1章　影视剪辑基础理论

随着数字技术的兴起，影片剪辑早已由直接剪接胶片演变为借助计算机进行数字化编辑的阶段。然而，无论是通过什么样的方法来编辑视频，其实质都是组接视频片段的过程。不过，要怎样组接这些片段才能符合人们的逻辑思维，并使其具有艺术性和欣赏性，就需要视频编辑人员掌握相应的理论和视频编辑知识。通过本章学习，读者应掌握景别、运动镜头技巧、镜头剪辑的一般规律和数字视频编辑的相关知识，以便为后面的学习打下良好的基础。

1.1　景别

景别又称镜头范围，它是镜头设计中的一个重要概念，是指角色对象和画面在屏幕框架结构中所呈现的大小和范围。不同的景别可以引起观众不同的心理反应。景别一般分为远景、全景、中景、近景和特写 5 种，下面进行具体讲解。

1.1.1　远景

远景是视距最远的景别。它视野广阔、景深悠远，主要表现远距离的人物及周围广阔的自然环境和气氛，内容的中心往往不明显。远景以环境为主，可以没有人物，即使有人物也仅占很小的部分。远景的作用是展示巨大的空间，介绍环境，展现事物的规模和气势，拍摄者也可以用它来抒发自己的情感。图 1-1 所示为远景画面效果。

图 1-1　远景画面效果

1.1.2　全景

全景包括被拍摄对象的全貌和它周围的环境。与远景相比，全景有明显的作为内容中心、结构中心的主体。在全景画面中，无论人还是物体，其外部轮廓线条以及相互间的关系，都能得到充分展现，环境与人的关系更为密切。

全景的作用是确定事物、人物的空间关系，展示环境特征，表现节目的某一段的发生地点，为后续情节定向。同时，全景有利于表现人和物的动势。使用全景时，持续时间应在 8s 以上。图 1-2 所示为全景画面效果。

图 1-2　全景画面效果

1.1.3　中景

中景包括对象的主要部分和事物的主要情节。在中景画面中，主要的人和物的形象及形状特征占主要成分。使用中景画面，可以清楚地看到人与人之间的关系和感情交流，也能看清人与物、物与物的相对位置关系。因此，中景是拍摄中较常用的景别。

用中景拍摄人物时，多以人物的动作、手势等富有表现力的局部为主，环境则降到次要地位，这样，更有利于展现事物的特殊性。使用中景时，持续时间应在 5s 以上。图 1-3 所示为中景画面效果。

图 1-3　中景画面效果

1.1.4　近景

近景包括拍摄对象更为主要的部分（如人物上半身以上的部分），用以细致地表现人物的状态和物体的主要特征。使用近景，可以清楚地表现人物心理活动的面部表情和细微动作，容易产生交流。使用近景时，持续时间应在 3s 以上。图 1-4 所示为近景画面效果。

图 1-4　近景画面效果

1.1.5　特写

特写是表现拍摄主体对象某一局部（如人肩部以上及头部、手或脚等）的画面，它可以进行更细致的展示，揭示特定的含义。特写反映的内容比较单一，起到形象放大、内容深化、强化本质的作用。在具体运用时主要用于表达、刻画人物的心理活动和情绪特点，起到震撼人心、引起注意的作用。

特写空间感不强，常常被用于转场时的过渡画面。特写能给人以强烈的印象，因此在使用时要有明确的针对性和目的性，不可滥用。特写持续时间应在 1s 以上。图 1-5 所示为特写画面效果。

图 1-5　特写画面效果

1.2　运动镜头技巧

运动镜头技巧，就是利用摄像机在推、拉、摇、移、跟、升 / 降等形式的运动中进行拍摄的方式，是突破画框边缘的局限、扩展画面视野的一种方法。

运动镜头技巧必须符合人们观察事物的习惯，在表现固定景物较多的内容时运用运动镜头，可以变固定景物为活动画面，从而增强画面的活力。利用 Premiere 可以模拟出各种运动镜头效果，下面就来具体讲解运动镜头的种类。

1.2.1　推镜头

推镜头又称伸镜头，是指摄像机朝视觉目标纵向推近来拍摄动作，随着镜头的推近，被拍摄的范围会逐渐缩小。推镜头能使观众压力感增强，镜头从远处往近处推的过程是一个力量积蓄的过程，随着镜头的不断推近，这种力量感会越来越强，视觉冲击也越来越强。图 1-6 所示为推镜头的画面效果。

图 1-6　推镜头的画面效果

推镜头分为快推和慢推两种。慢推可以配合剧情需要，产生舒畅自然、逐渐将观众引入戏中的效果；快推可以产生紧张、急促、慌乱的效果。

1.2.2　拉镜头

拉镜头又称缩镜头，是指摄像机从近到远纵向拉动，视觉效果从近到远，画面范围也是从小到大不断扩大。

拉镜头通常用来表现主角正在离开当前场景。拉镜头与人步行后退的感觉很相似，因此，不断拉镜头带有强烈的离开意识。图 1-7 所示为拉镜头的画面效果。

图 1-7　拉镜头的画面效果

1.2.3　摇镜头

摇镜头是指摄像机的位置不动，只做角度的变化，其方向可以是左右摇或上下摇，也可以是斜摇或旋转摇。其目的是对被拍摄主体的各部位逐一展示，或展示规模，或巡视环境等。其中最常见的摇镜头是左右摇，在电视节目中经常使用。图 1-8 所示为摇镜头的画面效果。

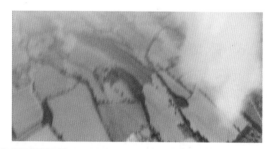

图 1-8　摇镜头的画面效果

1.2.4　移镜头

移镜头是指摄像机沿水平方向移动并同时进行拍摄。这种镜头的作用是表现场景中的人与物、人与人、物与物之间的空间关系，或者将一些事物连贯起来加以表现。它与摇镜头有相似之处，都是为了表现场景中的主体与陪体之间的关系，但是在画面上给人的视觉效果是完全不同的。摇镜头是摄像机的位置不动，拍摄角度和被拍摄物体的角度在变化，适合拍摄远距离的物体。而移镜头则不同，它是拍摄角度不变，摄像机本身的位置移动，与被拍摄物体的角度无变化，适合拍摄距离较近的物体和主体。图 1-9 所示为移镜头的画面效果。

图 1-9　移镜头的画面效果

1.2.5　跟镜头

跟镜头是指摄像机始终跟随拍摄一个在行动中的表现对象，以便连续而详尽地表现它的活动情形，或其在行动中的动作以及表情等。跟镜头又分为跟拉、跟摇、跟升、跟降等。图 1-10 所示为动画片《奇妙小世界》中，奇奇和妙妙经过黑猫身前的跟镜头的画面效果。

图 1-10　跟镜头的画面效果

1.2.6　升/降镜头

升/降镜头是指在镜头固定的情况下，摄像机本身垂直位移。这种镜头大多用于大场面的拍摄，它不仅能改变镜头视觉和画面空间，而且有助于表现戏剧效果和气氛渲染。图 1-11 所示为升镜头的画面效果。

图 1-11　升镜头的画面效果

1.3　镜头组接的基础知识

无论是怎样的影视作品，结构上都是将一系列镜头按一定次序组接后所形成的。然而，这些镜头之所以能够延续下来，并使观众将它们接受为一个完整融合的统一体，是因为这些镜头间的发展和变化秉承了一定的规律。下面就来讲解一些镜头组接时的规律与技巧。

1.3.1　镜头组接规律

为了清楚地向观众传达某种思想或信息，组接镜头时必须遵循一定的规律，归纳后可分为以下几点。

1. 符合观众的思维方式与影片表现规律

镜头的组接必须要符合生活与思维的逻辑关系。如果影片没有按照上述原则进行编排，必然会由于逻辑关系的颠倒而使观众难以理解。

2. 景别的变化要采用"循序渐进"的方法

通常来说，一个场景内"景"的发展不宜过分剧烈，否则便不易于与其他镜头进行组接。相反，如果"景"的变化不大，同时拍摄角度的变换也不大，也不利于同其他镜头的组接。

例如，在编排同机位、同景别，恰巧又是同一主体的两个镜头时，由于画面内景物的变化较小，因此将两个镜头简单组接后会给人一种镜头在不停重复的感觉。在这种情况下，除了重新进行拍摄外，还可采用过渡镜头，使表演者的位置、动作发生变化后再进行组接。

3. 镜头组接中的拍摄方向与轴线规律

所谓"轴线规律"，是指在多个镜头中，摄像机的位置应始终位于主体运动轴线的同一线，以保证不同镜头内的主体在运动时能够保持一致的运动方向。否则，在组接镜头时，便会出现主体"撞车"的现象，此时的两组镜头便互为跳轴画面。在视频的后期编辑过程中，跳轴画面除了特殊需要外，基本无法与其他镜头相组接。

4. 遵循"动接动""静接静"的原则

当两个镜头内的主体始终处于运动状态，且动作较为连贯时，可以将动作与动作组接在一起，从而达到顺畅过渡、简洁过渡的目的，该组接方法称为"动接动"。

与之相应的是，如果两个镜头的主体运动不连贯或者它们的画面之间有停顿时，则必须在前一个镜头内的主体完成一套动作后，才能与第二个镜头相组接。并且，第二个镜头必须是从静止的镜头开始，该组接方法称为"静接静"。在"静接静"的组接过程中，前一个镜头结尾时停止的片刻叫"落幅"，后一个镜头开始时静止的片刻叫"起幅"，起幅与落幅的时间间隔为 $1\sim 2s$。

此外，在将运动镜头和固定镜头相组接时，同样需要遵循这个规律。例如，一个固定镜头需要与一个摇镜头相组接时，摇镜头开始要有"起幅"；当摇镜头要与固定镜头组接时，摇镜头结束时必须要有"落幅"，否则组接后的画面便会给人一种跳动的视觉感。

> 提示：摇镜头是指在拍摄时，摄像机的机位不动，只有机身做上、下、左、右的旋转等运动。在影视创作中，摇镜头可用于介绍环境、从一个被拍摄主体向另一个被拍摄主体、表现人物运动、表现剧中人物的主观视线、表现剧中人物的内心感受等。

1.3.2　镜头组接的节奏

在一部影视作品中，作品的题材、样式、风格，以及情节的环境气氛、人物的情绪、情节的起伏跌宕等元素都是确定影片节奏的依据。然而，要想让观众能够很直观地感觉到这一节奏，不仅需要通过演员的表演、镜头的转换和运动，以及场景的时空变化等前期制作因素，还需要运用组接的手段，严格掌握镜头的尺寸、数量与顺序，并在删除多余枝节后才能完成。也就是说，镜头组接是控制影片节奏的最后一个环节。

1.3.3　镜头组接的时间长度

在剪辑、组接镜头时，每个镜头停留时间的长短，不仅要根据内容的难易程度和观众的接受能力来决定，还要考虑到画面构图及画面内容等因素。例如，在处理远景、中景等包含内容较多的镜头时，便需要安排相对较长的时间，以便观众看清这些画面上的内容；对于近景、特写等空间较小的画面，由于画面内容较少，因此可适当缩短镜头的停留时间。

此外，画面内的一些其他因素也会对镜头停留时间的长短起到制约作用。例如，画面内较亮的部分往往比较暗的部分更能引起人们的注意，因此在表现较亮部分时可适当减少停留时间；如果要表现较暗的部分，则应适当延长镜头的停留时间。

1.4　课后练习

1）简述常用的景别。

2）简述常用的运动镜头技巧。

3）简述镜头组接的技巧。

第2章　剪映专业版的基础知识

剪映专业版是一款优秀的在计算机中使用的国产视频编辑处理软件,它拥有全面的剪辑功能,支持变速,有多种滤镜和美颜的效果,有丰富的曲库资源,用于各类视频制作(如品牌推广视频、宣传片、微电影、短视频等)。通过本章学习,读者应掌握剪映专业版相关基础知识。

2.1　剪映专业版的启动界面

用鼠标双击桌面上的剪映专业版的快捷图标 ,弹出如图 2-1 所示的启动界面。在该界面中可以执行创建和打开草稿文件、设置草稿文件保存的位置和素材下载保存的位置、将草稿上传到云空间以及将云空间的草稿下载到本地等操作。

图 2-1　剪映专业版的启动界面

● 设置草稿文件保存的位置和素材下载的位置:在启动界面右上方单击 (全局设置)按钮,从弹出的下拉菜单中选择"全局设置"命令,如图 2-2 所示,然后在弹出的图 2-3所示的"全局设置"对话框的"草稿"选项卡中可以通过单击"草稿位置"和"素材下载位置"后面的 按钮,来设置草稿文件保存的位置和素材下载的位置。当设置完成后单击"保存"按钮即可完成设置。

● 设置导入图片默认时长和视频默认帧率:在启动界面右上方单击 (全局设置)按钮,从弹出的下拉菜单中选择"全局设置"命令,然后在弹出的图 2-4 所示的"全局设置"对话框的"剪辑"选项卡中可以设置导入图片默认时长和视频默认帧率。当设置完成后单击"保存"按钮即可完成设置。

图 2-2　选择"全局
设置"命令

图 2-3　设置草稿文件
保存和素材下载的位置

图 2-4　设置导入图片默认时长和视频默认帧率

● 草稿栏：在草稿栏中会显示出本地最近使用的所有草稿文件，单击每个草稿右下方的
　　按钮，如图 2-5 所示，从弹出的图 2-6 所示的下拉菜单中选择相应的命令可以对草
稿文件进行重命名、复制草稿、上传到云空间和删除等操作。

图 2-5　草稿栏

图 2-6　选择相应命令

● 将本地草稿文件同步到云空间：在启动界面左侧单击"我的云空间"，然后单击
　　上传　按钮，从弹出的下拉菜单中选择"上传草稿"命令，如图 2-7 所示，接着从弹
出的对话框中勾选要上传的草稿文件（此时勾选的是"根据歌曲自动生成的字幕效果"），
如图 2-8 所示，再单击　上传到此　按钮，即可将草稿文件上传到云空间，如图 2-9 所示。

图 2-7　选择"上传草稿"命令

图 2-8　勾选要上传的草稿文件

图 2-9　上传到云空间的草稿文件

提示1：在草稿栏中单击要同步到云空间草稿右下方的 ●●● 按钮，从弹出的下拉菜单中选择"上传"命令，也可以将该草稿文件上传到云空间。

提示2：将该草稿文件上传到云空间后，用户就可以在其余计算机上从剪映云空间中下载所需的草稿文件进行再次编辑。

● 新建草稿文件：单击启动界面上方的"开始创作"按钮，即可新建一个草稿文件。

● 打开草稿文件：在启动界面的草稿栏中单击一个草稿文件，即可打开该草稿文件。

2.2　剪映专业版的操作界面

在剪映专业版的启动界面中，新建或打开一个草稿文件，即可进入操作界面。该界面大体可以分为"菜单栏""素材面板""时间线面板""播放器面板"和"功能面板"5 个部分，如图 2-10 所示。

图 2-10　剪映专业版的操作界面

1. 菜单栏

在菜单栏左侧单击 菜单 ⌃ 按钮，从弹出的图 2-11 所示的下拉菜单中可以选择相应的命令来完成相关操作；在中间草稿名称位置单击鼠标，可以重命名当前草稿名称；在右侧单击 ▦ （快捷键）按钮，从弹出的图 2-12 所示的"快捷键"对话框中可以自定义快捷键，设置完成后单击"保存"按钮，即可保存自定义的快捷键；单击 导出 按钮，可以将当前草稿导出为视频。

2. 素材面板

素材面板如图 2-13 所示,在素材面板上方有"媒体""音频""文本""贴纸""特效""转场""滤镜""调节"和"模板"9 个选项可供选择。其中,"媒体"选项用于导入本地和剪映自带素材库中的素材;"音频"选项用于选择剪映自带的音频和音效素材;"文本"选项用于设置文字"花字"样式、文字模板、智能字幕和识别歌词;"贴纸"选项用于选择剪映自带的多种贴纸效果;"特效"选项用于选择剪映自带的多种特效;"转场"选项用于选择剪映自带的多种转场效果;"滤镜"选项用于选择剪映自带的多种滤镜效果;"调节"选项用于在时间线中添加一个用于调色的调节素材;"模板"选项用于选择剪映自带的多种模板。

图 2-11　下拉菜单　　　图 2-12　自定义快捷键　　　图 2-13　素材面板

3. 时间线面板

剪映绝大部分的素材编辑操作都是在时间线面板中完成的。例如,调整素材在影片中的位置、长度、添加转场、特效或解除有声视频素材中音频与视频部分的链接等。该面板由时间标尺区、工具栏、轨道及其控制区 3 个部分组成,如图 2-14 所示。

图 2-14　时间线面板

(1) 时间标尺区

时间标尺区由时间显示和时间滑块两部分组成。时间显示用于定位视频和音频轨道上的素材的位置,显示格式为"分钟:秒";时间滑块用于显示当前编辑的时间位置。

(2) 工具栏

工具栏显示如图 2-15 所示,其中的工具用于对轨道上的素材进行选择、分割和吸附等操作。这些工具的作用如下。

图 2-15　工具栏

- ▷（选择工具）：用于对素材进行选择、移动以及设置素材的入点和出点。
- ⇆（向左全选）：单击 ▷（选择工具）按钮，会弹出图 2-16 所示的隐藏工具，从中选择 ⇆（向左全选）按钮，可以在时间线中选择当前以及前面的所有素材。

图 2-16　隐藏工具

- ⇄（向右全选）：用于选择当前以及后面的所有素材。
- ⊞（分割）：用于在鼠标单击位置分割素材。
- ↶（撤销）：单击该按钮可以撤销上一步操作。
- ↷（恢复）：单击该按钮可以恢复上一步操作。
- ⅠＩ（分割）、 |Ｉ（向左裁剪）、 Ｉ|（向右裁剪）和 ⬚（删除）：用于在时间滑块位置分割素材、分割并删除时间滑块左侧素材、分割并删除时间滑块右侧素材和删除选择的素材，具体请参见"2.4.3　分割与删除多余视频片段"。

提示：⊞（分割）和 ⅠＩ（分割）工具的区别在于前者是在鼠标单击位置将素材一分为二；而后者是在时间滑块的指定位置将素材一分为二。

- ⬚（定格）：单击该按钮，可以在时间滑块的指定位置生成一张静止的定格图片，具体请参见"2.4.6　视频定格成图片"。
- ◎（倒放）：单击该按钮，可以对选择的素材进行倒放处理，具体请参见"2.4.2　调整视频的播放速度和倒放"。
- ⬓（镜像）、 ◇（旋转）和 ⬚（裁剪）：用于对选择的素材进行镜像、旋转和裁剪操作，具体请参见"2.4.5　视频的缩放、移动、旋转、镜像和裁剪"。
- ▨（智能剪口播）：单击该按钮，可以自动识别音频中的停顿、重复和语气词，用户可以根据需要对这些位置的音频进行删除或保留处理。
- ⏺（录音）：激活该按钮，可以录制声音。
- ⇥⇤（主轨磁吸）：激活该按钮，可以使每次拖入时间线主轨道的素材自动与前面的素材首尾相接，如图 2-17 所示；未激活该按钮，则每次拖入时间线主轨道的素材可以任意放置，如图 2-18 所示。

图 2-17　激活 ⇥⇤（主轨磁吸）按钮

图 2-18　未激活 ⇥⇤（主轨磁吸）按钮

- ● ▨ （自动吸附）：激活该按钮，则将后面素材移动到前面素材的结尾位置时，后面素材会自动吸附到前面素材的结尾位置，从而使两个素材首尾相接；未激活该按钮，则将后面素材移动到前面素材的结尾位置时，后面素材不会自动吸附到前面素材的结尾位置。

- ● ▨ （联动）：该按钮用于控制素材与文字之间是否联动。激活该按钮，则在时间线中移动主轨道上的某个素材时，其余轨道对应的文字字幕素材也会随之一起移动，图 2-19 所示为激活 ▨ （联动）按钮后移动主轨道上素材前后的效果对比。未激活该按钮，则在时间线中移动主轨道的某个素材时，其余轨道对应的文字字幕素材不会随之一起移动，如图 2-20 所示。

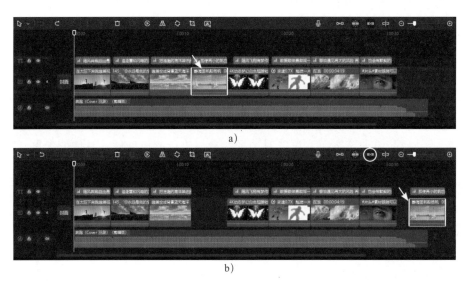

图 2-19　激活 ▨ （联动）按钮后移动主轨道上素材前后的效果对比

a）移动主轨道上素材前　b）移动主轨道上素材后

图 2-20　未激活 ▨ （联动）按钮移动主轨道素材

- ● ▨ （预览轴）：激活该按钮，则在时间线中会出现一条和鼠标一起移动的黄色竖线，如图 2-21 所示，此时鼠标放置到时间线的任何时间位置，在播放器中就会显示出该时间位置的预览画面；未激活该按钮，鼠标移动，不会在播放器中出现预览画面。

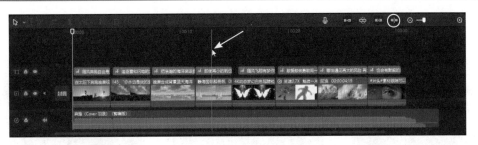

图 2-21　激活 ▣▮ (预览轴) 按钮, 时间线中会出现一条和鼠标一起移动的黄色竖线

- ◎▬◉: 用于放大或缩小时间线的显示。

(3) 轨道及其控制区

轨道及其控制区左侧为轨道控制面板, 其中包括 🔒 (锁定轨道)、👁 (隐藏轨道) 和 🔊 (关闭原声) 3 个工具按钮, 通过这 3 个工具按钮可以控制轨道的锁定、隐藏和轨道中素材是否播放自带声音。右侧为视频和音频轨道, 用来放置和编辑视频、音频素材。此外, 单击 封面 按钮, 可以给视频添加一个唯美的封面, 具体请参见 "2.4.8　添加封面"。

4. 播放器面板

播放器面板如图 2-22 所示, 用于在创建作品时对其进行预览。

图 2-22　播放器面板

5. 功能面板

功能面板用于在时间线中选择素材的相关参数, 当选择的素材不同时, 功能面板中显示的参数也会不同。图 2-23 所示为在时间线中分别选择视频素材、文字素材和音频素材时, 功能面板显示出的不同参数。

a)   b)   c)

图 2-23 　选择的素材不同，功能面板中显示的参数也会不同

a）选择视频素材时的功能面板　b）选择文字素材时的功能面板　c）选择音频素材时的功能面板

2.3　素材的导入

使用剪映进行素材编辑，首先要将所需的素材导入到剪映中。在剪映中可以导入剪映自带素材库中的素材和本地素材。本节就来讲解导入这两种素材的方法。

2.3.1　素材库素材的导入

剪映自带丰富的视频、图像和曲库资源，利用这些提供的素材可以解决用户在剪辑过程中因为缺少素材而造成的烦恼，从而提高剪辑的效率。

1. 导入素材库中的视频和图像素材

在剪映中导入素材库中的视频和图像素材的具体操作步骤如下。

1）启动剪映专业版，然后单击"开始创作"按钮，进入操作界面。

2）在素材面板中单击"媒体→素材库"，然后在右侧搜索栏中输入要查找的相关素材的信息（此时输入的是"风景"），再在下方单击相关素材，如图 2-24 所示，即可在播放器中进行预览，如图 2-25 所示。

图 2-24 　选择素材   图 2-25 　预览素材

3）将选择好的素材拖入时间线，如图 2-26 所示，就可以根据需要对其进行编辑了。

提示1：在素材面板中单击相关素材右下方的 ⊕ 按钮，也可以将素材直接添加到时间线主轨道。

提示2：添加到时间线中的第一个素材默认在主轨道，而且入点为00:00:00:00。

提示3：对于经常使用的素材，可以单击素材右下方的 ✿ 按钮，将其添加到收藏夹中，如图2-27所示，这样在收藏夹中就可以随时调用该素材了。

图 2-26　选择好的素材拖入时间线　　　图 2-27　将经常使用的素材放入收藏夹

2. 导入素材库中的音频素材

剪映音频素材分为音乐和音效两种，两种音频素材的导入方法一样，下面以导入音乐素材为例来讲解在剪映中导入音频素材的方法。

1）启动剪映专业版，然后单击"开始创作"按钮，进入操作界面。

2）在素材面板中单击"音频→音乐素材"，然后在右侧搜索栏中输入要查找的相关音乐素材的信息（此时输入的是"奔跑"），再在下方单击相关音乐素材，即可进行试听，如图 2-28 所示。

3）将选择好的音乐素材拖入时间线，如图 2-29 所示，就可以根据需要对其进行编辑了。

图 2-28　单击音乐素材进行试听　　　　图 2-29　选择好的音乐素材拖入时间线

2.3.2　本地素材的导入

在剪映自带素材库中的素材无法满足剪辑需要的情况下，用户就需要导入自己准备的本地素材，导入本地素材的具体操作步骤如下。

1）启动剪映专业版，然后单击"开始创作"按钮，进入操作界面。

2）在素材面板中单击"媒体→本地"，然后在右侧单击"导入"按钮，如图 2-30 所示，再从弹出的"请选择媒体资源"对话框中选择要导入的素材，单击"打开"按钮，如图 2-31 所示，即可将选择的素材导入素材面板，此时素材面板显示如图 2-32 所示。

3）将导入的素材拖入时间线，如图 2-33 所示，就可以根据需要对其进行剪辑了。

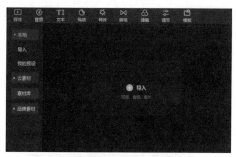

图 2-30　单击"导入"按钮

图 2-31　选择要导入的素材

图 2-32　将素材导入素材面板

图 2-33　将素材拖入时间线

2.4　视频剪辑的基本操作

将素材添加到时间线后,就可以对其进行相关剪辑了。本节将具体讲解剪映中常用的剪辑操作。

2.4.1　设置视频显示比例和添加视频背景

在进行视频剪辑时,首先要确认视频显示比例,比如发布到抖音上的视频比例是 9:16 (竖屏),而发布到西瓜视频上的视频比例是 16:9 (横屏)。而当将横屏视频切换到竖屏视频,或者对素材进行缩小和移动后,画面局部就会出现黑色区域,为了美观,此时就需要给画面添加一个背景。下面就来讲解设置视频显示比例和添加视频背景的方法。

1. 设置视频显示比例

下面以将西瓜视频上使用的 16:9 的横屏视频转为抖音上使用的 9:16 的竖屏视频为例,来讲解设置视频显示比例的方法,具体操作步骤如下。

1) 在素材面板中导入素材,然后将素材添加到时间线,如图 2-34 所示,此时播放器显示效果如图 2-35 所示。

图 2-34　将素材导入素材面板

图 2-35　播放器显示效果

2）在播放器面板中单击右下方的 [16:9]，从弹出的下拉菜单中选择"9:16（抖音）"，如图 2-36 所示，此时横屏视频就切换为竖屏了，效果如图 2-37 所示。

图 2-36　选择"9:16（抖音）"

图 2-37　切换为竖屏画面的效果

2. 添加视频背景

下面以为前面的竖屏画面添加模糊背景为例来讲解添加视频背景的方法，具体操作步骤如下。

1）在时间线中选择第一个素材，然后在功能面板"画面"选项卡的"基础"子选项卡中勾选"背景填充"复选框，再在下拉列表框中选择"模糊"，接着选择第三个模糊效果，如图 2-38 所示，此时竖屏画面中上、下的黑色区域就被填充上模糊背景了，效果如图 2-39 所示。

2）此时拖动时间滑块，会发现只有第一个素材填充上了模糊背景，而其余素材背景依然是黑色，如图 2-40 所示，下面就来解决这个问题。方法：在功能面板"画面"选项卡的"基础"子选项卡中单击 [全部应用] 按钮，此时时间线中所有素材就都被添加上模糊背景了，效果如图 2-41 所示。

图 2-38　选择第三个模糊效果

图 2-39　填充上模糊背景的效果

图 2-40　其余素材背景依然是黑色

图 2-41　其余素材被填充上模糊背景的效果

2.4.2 调整视频的播放速度和倒放

在剪映中对视频的播放速度进行修改，可以使视频产生快放或慢放的效果，此外还可以制作视频倒放效果。下面就来讲解调整视频的播放速度和制作视频倒放的方法。

2.4.2 调整视频的播放速度和倒放

1. 调整视频的播放速度

调整视频播放速度的具体操作步骤如下。

1）在时间线中选择需要修改播放速度的素材，如图 2-42 所示。

2）在功能面板"变速"选项卡的"常规变速"子选项卡中将"倍数"加大，则会使视频产生快放效果；而将"倍数"减小，则会使视频产生慢放效果。此时要制作视频的慢放效果，因此将"倍数"由 1.0x 改为 0.5x，如图 2-43 所示，此时时间线显示如图 2-44 所示。

图 2-42　选择需要修改播放速度的素材

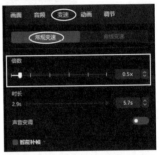

图 2-43　将"倍数"由 1.0x 改为 0.5x

图 2-44　将"倍数"由 1.0x 改为 0.5x 的时间线显示

3）按空格键预览，就可以看到视频的慢放效果了。

2. 对视频进行倒放

制作视频倒放效果的具体操作步骤如下。

1）在时间线面板中选择要制作倒放效果的视频。

2）在工具栏中单击 ⟳ （倒放）按钮，此时剪映软件会开始计算，显示出图 2-45 所示的倒放进程界面。

3）当软件计算完成后，按空格键预览，就可以看到视频的倒放效果了。

2.4.3 分割与删除多余视频片段

在剪映中分割和删除视频片段有以下几种方法。

图 2-45　倒放进程界面

● 在工具栏中选择 ⧉ （分割），然后用鼠标在时间线中要分割的位置单击，即可在单击位置分割素材，如图 2-46 所示，接着按〈Delete〉键即可删除分割后后面的素材，如图 2-47 所示。

图 2-46　利用 ▦（分割）工具分割素材　　　图 2-47　删除分割后后面的素材 1

提示：如果要删除分割后前面的素材，可以利用工具箱中的 ▣（选择工具）选择分割后前面的素材，然后按〈Delete〉键删除即可。

● 将时间滑块定位在要分割视频的位置，然后在工具栏中单击 ▯（分割）按钮，即可在时间滑块所处的位置分割素材，如图 2-48 所示，接着按〈Delete〉键即可删除分割后后面的素材，如图 2-49 所示。

图 2-48　在时间滑块所处的位置分割素材　　　图 2-49　删除分割后后面的素材 2

● 将时间滑块定位在要分割视频的位置，然后在工具栏中单击 ▯（向左裁剪）按钮，如图 2-50 所示，即可分割并删除时间滑块左侧素材，如图 2-51 所示。

图 2-50　在时间滑块所处的位置单击 ▯（向左裁剪）按钮　　　图 2-51　分割并删除时间滑块左侧素材

● 将时间滑块定位在要分割视频的位置，然后在工具栏中单击 ▯（向右裁剪）按钮，如图 2-52 所示，即可分割并删除时间滑块右侧素材，如图 2-53 所示。

图 2-52　在时间滑块所处的位置单击 ▯（向右裁剪）按钮　　　图 2-53　分割并删除时间滑块右侧素材

2.4.4　设置视频的入点和出点

设置视频入点和出点的具体操作步骤如下。

1）在工具栏中选择 ▣（选择工具），然后将鼠标放置在时间线视频素材的结尾位置，当光标变为双向箭头时，如图 2-54 所示，往前拖动，即可手动重新设置素材的出点，如图 2-55 所示。

图 2-54　光标变为双向箭头　　　图 2-55　重新设置素材的出点

2）同理，将鼠标放置到素材开始位置，再往后拖动，即可手动重新设置素材的入点。

2.4.5 视频的缩放、移动、旋转、镜像和裁剪

在对视频进行剪辑时，经常要对视频进行缩放、移动、旋转、镜像和裁剪操作，下面就来讲解在剪映中对视频进行缩放、移动、旋转、镜像和裁剪的方法。

1. 对视频进行缩放

对视频进行缩放有手动缩放和精确缩放两种方法。

● 手动缩放。在时间线中选择要进行缩放的视频素材，如图 2-56 所示，然后将鼠标放置到播放器视频四个边角的任意一个位置（此时将鼠标放置在视频右下角的位置，如图 2-57 所示），然后往外拖动可以放大视频，往内拖动可以缩小视频（此时往内拖动，效果如图 2-58 所示）。

● 精确缩放。在"画面"选项卡的"基础"子选项卡中输入"缩放"的数值，如图 2-59 所示，就可以对视频进行精确缩放。

图 2-56 选择要进行缩放的视频素材

图 2-57 将鼠标放置在视频右下角的位置

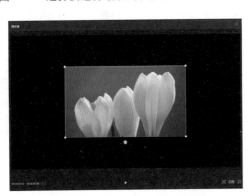

图 2-58 往内拖动可以缩小视频

图 2-59 输入"缩放"的数值

2. 对视频进行移动

对视频进行移动有手动移动和精确移动两种方法。

● 手动移动。在时间线中选择要进行移动的视频素材，然后在播放器中可以将视频移动到合适位置，如图 2-60 所示。

● 精确移动。在"画面"选项卡的"基础"子选项卡中输入"位置"的数值，如图 2-61 所示，就可以对视频进行精确移动。

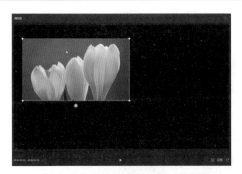

图 2-60　将视频移动到合适位置

图 2-61　输入"位置"的数值

3. 对视频进行旋转

对视频进行旋转有手动旋转、精确旋转和利用 (旋转) 工具进行旋转三种方法。

● 手动旋转。在时间线中选择要进行旋转的视频素材，然后在播放器中单击并拖动 图标，即可将视频进行任意角度的旋转，如图 2-62 所示。

● 精确旋转。在"画面"选项卡的"基础"子选项卡中输入"旋转"的数值，如图 2-63 所示，就可以对视频进行精确角度的旋转。

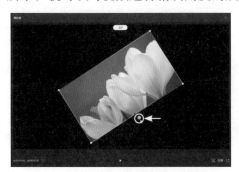

图 2-62　单击并拖动 图标，对视频进行
任意角度的旋转

图 2-63　输入"旋转"的数值

● 利用 (旋转) 工具进行旋转。在工具栏中单击 (旋转) 工具可以将视频顺时针旋转 90°。

4. 对视频进行镜像

对视频进行镜像的具体操作步骤如下。

1) 在时间线中选择要进行镜像的视频素材，如图 2-64 所示，此时播放器显示效果如图 2-65 所示。

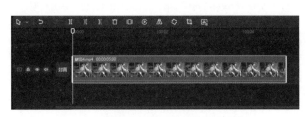

图 2-64　选择要进行镜像的视频素材

图 2-65　播放器显示效果 1

2）在工具栏中单击 ◢◣（镜像）按钮，即可对其进行镜像处理，此时播放器显示效果如图 2-66 所示。

图 2-66　镜像效果

5. 对视频进行裁剪

对视频进行裁剪的具体操作步骤如下。

1）在时间线中选择要进行裁剪的视频素材，如图 2-67 所示，此时播放器显示效果如图 2-68 所示。

图 2-67　选择要进行裁剪的视频素材

图 2-68　播放器显示效果 2

2）在工具栏中单击 ▣（裁剪）按钮，从弹出的图 2-69 所示的"裁剪"对话框中根据需要，调整出裁剪区域和旋转角度，如图 2-70 所示，单击 确定 按钮，此时在播放器中就可以看到裁剪效果了，如图 2-71 所示。

图 2-69　"裁剪"对话框　　　图 2-70　调整出裁剪区域和旋转角度　　　图 2-71　裁剪效果

2.4.6　视频定格成图片

在剪映中可以将视频中的某个画面定格成图片，具体操作步骤如下。

1）在时间线中将时间滑块定位在要生成定格图片的位置，然后在工具栏中单击 ▣（定格）按钮，如图 2-72 所示，此时就可以在该位置将视频一分为二，并生成一个 3s 的定格图片，如图 2-73 所示。

图 2-72　单击 ▣（定格）按钮

图 2-73　生成一个 3s 的定格图片

2）将鼠标放置在定格图片的结束位置，当光标变为 ◫ 形状时，就可以根据需要调整定格图片的时间长度了，如图 2-74 所示。

图 2-74　根据需要调整定格图片的时间长度

2.4.7　智能镜头分割

智能镜头分割可以将一段混剪视频按照单个镜头切割出来，使它们成为多个独立的镜头视频。对混剪视频进行智能镜头分割有以下两种方法。

1. 在时间线中对混剪视频进行智能镜头分割

在时间线中对混剪视频进行智能镜头分割的具体操作步骤如下。

1）在时间线中选择要进行智能镜头分割的混剪视频，如图 2-75 所示。

2）单击右键，从弹出的快捷菜单中选择"智能镜头分割"命令，如图 2-76 所示，此时剪映软件会开始计算，显示出图 2-77 所示的片段分割进程界面。

3）当软件计算完成后，就可以看到分割出来的多个独立的镜头视频了，如图 2-78 所示。

图 2-75　选择要进行智能镜头分割的混剪视频

图 2-76　选择"智能镜头分割"命令 1

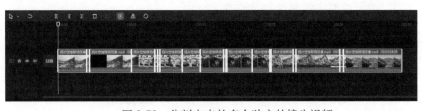

图 2-77　片段分割进程界面 1

图 2-78　分割出来的多个独立的镜头视频

2. 在素材面板中对混剪视频进行智能镜头分割

在素材面板中对混剪视频进行智能镜头分割的具体操作步骤如下。

1）在素材面板选择要进行智能镜头分割的混剪视频，然后单击右键，从弹出的快捷菜单中选择"智能镜头分割"命令，如图 2-79 所示，此时剪映软件会开始计算，显示出图 2-80 所示的片段分割进程界面。

2）当软件计算完成后，素材面板中会自动生成一个放置分割出来的独立镜头视频的文件夹，如图 2-81 所示。

  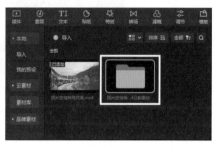

图 2-79　选择"智能镜头　　　　图 2-80　片段分割　　　　图 2-81　自动生成的文件夹
分割"命令 2　　　　　　　　进程界面 2

3）双击打开文件夹，就可以看到分割出来的多个独立的镜头视频了，如图 2-82 所示。

图 2-82　文件夹中分割出来的多个独立的镜头视频

2.4.8　添加封面

利用剪映发布的视频在没有打开时会显示一个预览图，这个预览图就是封面。一个好的封面会吸引观众的眼球，从而起到画龙点睛的作用。在剪映中给视频添加封面分为使用视频中的某个画面作为封面和使用本地图片作为封面两种。

1. 使用视频中的某个画面作为封面

使用视频中的某个画面作为封面的具体操作步骤如下。

1）在时间线中单击 封面 按钮，如图 2-83 所示，然后在弹出的"封面选择"对话框的下方通过拖动的方式选择一个要作为封面的画面，如图 2-84 所示，单击 去编辑 按钮。

2）在弹出的"封面设计"对话框中单击 完成设置 按钮，如图 2-85 所示，即可将选择的画面设置为封面，此时时间线显示如图 2-86 所示。

图 2-83　单击 封面 按钮

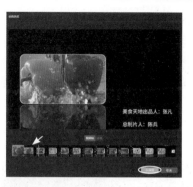

图 2-84　选择一个要作为封面的画面

图 2-85　单击 完成设置 按钮

图 2-86　时间线显示

提示1：在"封面设计"对话框中单击 🔲（裁剪）按钮，可以对作为封面的画面进行裁剪，从而去除
　　　　多余的区域；单击 🔳（重选封面）按钮，会回到"封面选择"对话框，此时可以重新选择要
　　　　作为封面的画面。

提示2：如果要删除设置好的封面，可以在时间线中单击封面右上方的🔘（删除封面）按钮，如图2-87
　　　　所示，然后在弹出的对话框中单击"确定"按钮，如图2-88所示，即可将设置好的封面删
　　　　除，此时时间线显示如图2-89所示。

图 2-87　单击封面右上方的🔘
　　　　（删除封面）按钮

图 2-88　单击"确定"按钮

图 2-89　删除封面后的时间线显示

2. 使用本地图片作为封面

使用本地图片作为封面的具体操作步骤如下。

1）在时间线中单击 封面 按钮，然后在弹出的"封面选择"对话框中选择 本地 ，再单击 + 按钮（或单击 □ 按钮），如图 2-90 所示，从弹出的"请选择封面图片"对话框中选择一张要作为封面的图片，如图 2-91 所示，单击"打开"按钮，回到"封面选择"对话框。

2）单击 去编辑 按钮，如图 2-92 所示，然后在弹出的"封面设计"对话框中单击 完成设置 按钮，如图 2-93 所示，即可将选择的本地图片设置为封面。

图 2-90　单击 + 按钮

图 2-91　选择要作为封面的图片

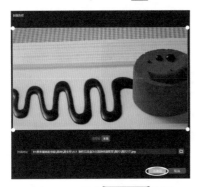

图 2-92　单击 去编辑 按钮

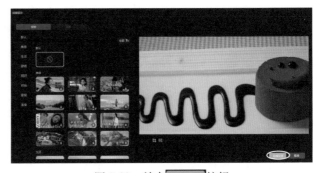

图 2-93　单击 完成设置 按钮

2.5　关键帧动画

在剪映中可以对视频、图片和文字素材的缩放、位置、旋转、不透明度属性和蒙版属性设置关键帧，从而使素材产生各种动画效果。下面以给视频素材分别添加缩放、位置、旋转和不透明度关键帧为例，来讲解关键帧的设置方法，具体操作步骤如下。

1）在时间线中选择要设置关键帧的视频素材，然后将时间定位在 00:00:00:00 的位置，如图 2-94 所示，此时播放器显示效果如图 2-95 所示。

2）进入"画面"选项卡的"基础"子选项卡，然后将时间定位在 00:00:00:00 的位置，单击"位置大小"和"不透明度"后面的 ◇（添加关键帧）按钮，如图 2-96 所示，这时候"位置大小"和"不透明度"后面的关键帧会变为蓝绿色 ◆ 状态，如图 2-97 所示，此时时间线视频素材在 00:00:00:00 的位置也会出现一个关键帧，如图 2-98 所示。

3）将时间定位在 00:00:03:00 的位置，然后在"画面"选项卡的"基础"子选项卡中将"缩放"

的数值设置为 30%，"位置"的数值设置为（-1300，700），"旋转"的数值设置为 360°，"不透明度"设置为 0%，如图 2-99 所示，此时画面效果如图 2-100 所示。这时候软件会在时间线视频素材的 00:00:03:00 的位置自动添加一个关键帧，如图 2-101 所示。

图 2-94　选择要设置关键帧的视频素材

图 2-95　播放器显示效果

图 2-96　单击◇（添加
关键帧）按钮

图 2-97　关键帧变为
蓝绿色◆状态

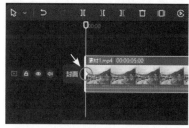

图 2-98　素材在 00:00:00:00 的位置
也会出现一个关键帧

图 2-99　将"缩放"的数值
设置为 30%

图 2-100　将"缩放"的
数值设置为 30% 的画面效果

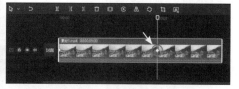

图 2-101　在 00:00:03:00 的位置自动
添加一个关键帧

4）按空格键预览，就可以看到画面在向左上方移动的同时逐渐旋转缩小消失的效果了，如图 2-102 所示。

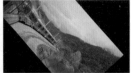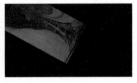

图 2-102　画面在向左上方移动的同时逐渐旋转缩小消失的效果

2.6　入场和出场动画

入场是指素材的开始位置，出场是指素材的结束位置。在剪映的"动画"选项卡中内置了多种入场、出场和组合动画，通过这些内置的动画类型，可以分别给素材添加入场、出场动画，或者同时添加素材入场和出场动画（也就是组合动画）。此外还可以设置入场、出场和组合动画的持续时间。下面通过一个案例来讲解给视频素材添加入场、出场和组合动画的方法，具体操作步骤如下。

1）向素材面板中导入网盘中的"源文件 \ 第 2 章　剪映专业版的基础知识 \2.6　入场和出场动画 \ 素材 1.mp4 ～素材 3.mp4"，此时素材面板显示如图 2-103 所示。

2）将素材面板中的 3 个素材同时拖入时间线，然后选择"素材 1.mp4"，此时时间线显示如图 2-104 所示。

图 2-103　素材面板　　　　　　　　　　图 2-104　时间线显示 1

3）为"素材 1.mp4"添加"旋转开幕"入场动画效果。方法：在"动画"选项卡的"入场"子选项卡中选择"旋转开幕"，并将"动画时长"由默认的 0.5s 加大为 2.0s，如图 2-105 所示，这时候在播放器中就可以看到"素材 1.mp4"的"旋转开幕"入场动画效果了，如图 2-106 所示，此时时间线"素材 1.mp4"开始位置下方会出现一条横线，表示已经给素材添加了入场动画，如图 2-107 所示。

 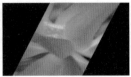

图 2-105　选择"旋转开幕"入场动画，　　　图 2-106　"旋转开幕"入场动画效果
　　　　　并将"动画时长"设置为 2.0s

图 2-107　"素材 1.mp4"开始位置下方会出现一条横线

　　提示：如果要取消添加的入场动画效果，可以在"动画"选项卡的"入场"子选项卡中单击 ⊘（无）按钮即可。

　　4）为"素材 3.mp4"添加"旋转"出场动画效果。方法：在时间线中选择"素材 3.mp4"，然后在"动画"选项卡的"出场"子选项卡中选择"旋转"，并将"动画时长"由默认的 0.5s 加大为 2.0s，如图 2-108 所示，这时候在播放器中就可以看到"素材 3.mp4"的"旋转"出场动画效果了，如图 2-109 所示，此时时间线"素材 3.mp4"结束位置下方会出现一条横线，表示已经给素材添加了出场动画，如图 2-110 所示。

图 2-108　选择"旋转"出场动画，
并将"动画时长"设置为 2.0s

图 2-109　"旋转"出场动画效果

图 2-110　时间线显示 2

　　5）为"素材 2.mp4"添加"缩小旋转"组合动画效果。方法：在时间线中选择"素材 2.mp4"，然后在"动画"选项卡的"组合"子选项卡中选择"缩小旋转"，如图 2-111 所示，这时候在播放器中就可以看到"素材 2.mp4"的"缩小旋转"组合动画效果了，如图 2-112 所示，此时时间线"素材 2.mp4"下方会出现一条横线，表示已经给素材添加了组合动画，如图 2-113 所示。

图 2-111　选择"缩小旋转"组合动画

图 2-112　"缩小旋转"组合动画效果

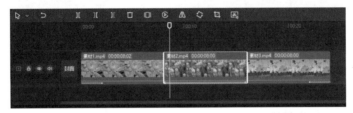

图 2-113　时间线显示 3

2.7　转场效果

在电视节目和短视频的制作过程中，往往要用到多个镜头。这些镜头的画面和视角大都千差万别，如果直接将这些镜头连接在一起，会让整个视频显示时断断续续。为此，就需要在镜头之间添加转场效果，从而使镜头与镜头间的过渡更为自然、顺畅，使影片的视觉连续性更强。下面通过一个案例来讲解在素材之间添加转场的方法，具体操作步骤如下。

1）向素材面板中导入网盘中的"源文件\第 2 章　剪映专业版的基础知识\2.7　转场效果\素材 1.mp4～素材 4.mp4"，此时素材面板显示如图 2-114 所示。

2）将素材面板中的 4 个素材同时拖入时间线，然后选择"素材 1.mp4"，此时时间线显示如图 2-115 所示。

图 2-114　素材面板

图 2-115　时间线显示 1

3）在素材面板中单击"转场→叠化"，然后在右侧单击"叠化"右下方的 ⊙（添加到轨道）按钮，如图 2-116 所示，即可在"素材 1.mp4"和"素材 2.mp4"之间添加一个"叠化"转场，如图 2-117 所示。此时按空格键预览就可以看到"素材 1.mp4"和"素材 2.mp4"之间"叠化"转场效果了，如图 2-118 所示。

提示：在素材面板中选择"叠化"转场，然后将其拖到时间线"素材1.mp4"和"素材2.mp4"之间，
　　　　同样可以在"素材1.mp4"和"素材2.mp4"之间添加"叠化"转场。

图 2-116　单击"叠化"右下方的
　　　（添加到轨道）按钮

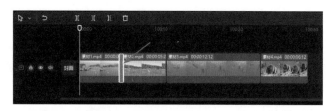

图 2-117　在"素材 1.mp4"和"素材 2.mp4"之间添加一个
"叠化"转场

图 2-118　"素材 1.mp4"和"素材 2.mp4"之间的"叠化"转场效果

　　4）此时"叠化"转场速度过快，下面延长转场持续时间。方法：在时间线中选择"叠化"
转场，然后在"转场"选项卡中将"时长"由 0.5s 加大为 1.0s，如图 2-119 所示，此时时间
线显示如图 2-120 所示。

　　提示：在时间线中通过拖动"叠化"转场的左右边界，同样可以调整"叠化"转场的持续时间，只不
　　　　过这种方法不太精确。

图 2-119　将"时长"设置为 1.0s

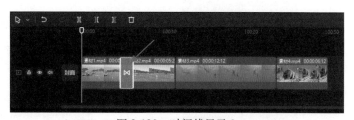

图 2-120　时间线显示 2

　　5）将当前"叠化"转场应用到其余素材之间。方法：在"转场"选项卡中单击右下
方的 应用全部 按钮，即可在所有素材之间添加"叠化"转场，此时时间线显示如图 2-121
所示。

图 2-121　时间线显示 3

2.8　蒙版

　　蒙版用于控制素材的可视范围，在剪映中利用"蒙版"子选项卡可以设置蒙版的类型，还可以在"蒙版"子选项卡和播放器中调整蒙版的位置、旋转、大小和羽化参数，此外还可以通过设置关键帧制作出蒙版转场效果。在剪映中设置素材蒙版的具体操作步骤如下。

　　1）在时间线中选择要添加蒙版的素材，如图 2-122 所示，此时播放器显示效果如图 2-123 所示。

图 2-122　选择要添加蒙版的素材

图 2-123　播放器显示效果

　　2）在"画面"选项卡的"蒙版"子选项卡中有■（线性）、■（镜面）、◎（圆形）、□（矩形）、♡（爱心）和☆（星形）6 种蒙版可供选择，此时选择的是◎（圆形）蒙版，如图 2-124 所示，效果如图 2-125 所示。

图 2-124　选择◎（圆形）蒙版

图 2-125　◎（圆形）蒙版效果

3）调整蒙版大小。方法：在"蒙版"子选项卡中通过输入"大小"数值，可以精确设置蒙版的大小。此外在播放器中将鼠标放置在圆形蒙版边缘的◘位置，可以手动等比例调整蒙版大小，如图 2-126 所示；将鼠标放置在圆形蒙版边缘中间的▭位置，可以手动非等比例调整蒙版大小，如图 2-127 所示。

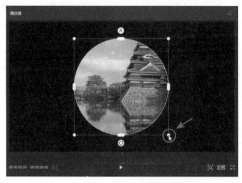
图 2-126　手动等比例调整蒙版大小

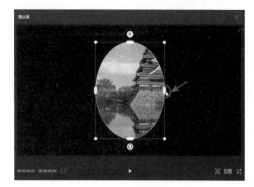
图 2-127　手动非等比例调整蒙版大小

4）调整蒙版位置。方法：在"蒙版"子选项卡中通过输入"位置"数值，可以精确设置蒙版的位置。此外在播放器中将鼠标放置在蒙版内的区域，可以手动将蒙版移动到任意位置，如图 2-128 所示。

5）旋转蒙版。方法：在"蒙版"子选项卡中通过输入"旋转"数值，可以精确设置蒙版的旋转角度。此外在播放器中将鼠标放置在圆形蒙版下方的◉位置，可以手动任意旋转蒙版，如图 2-129 所示。

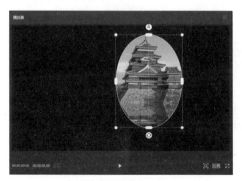
图 2-128　调整蒙版位置

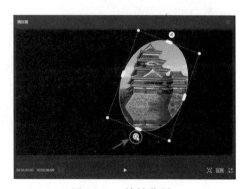
图 2-129　旋转蒙版

6）羽化蒙版。方法：在"蒙版"子选项卡中通过输入"羽化"数值，可以精确设置蒙版的羽化大小。此外在播放器中将鼠标放置在圆形蒙版上方的⊗位置，可以手动调整蒙版的羽化大小，如图 2-130 所示。

7）反转蒙版。方法：在"蒙版"子选项卡右上方单击▣（反转）按钮，即可反转蒙版，效果如图 2-131 所示。

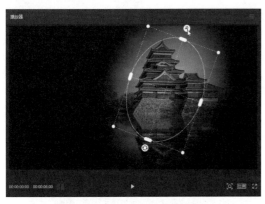

图 2-130　蒙版的羽化效果

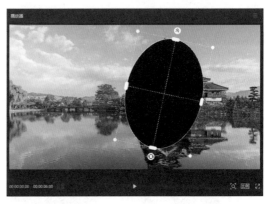

图 2-131　反转蒙版的效果

8）去除蒙版。方法：在"蒙版"子选项卡中单击 ⊘（无）按钮，或者单击 ↻（重置）按钮，如图 2-132 所示，即可去除现有蒙版，效果如图 2-133 所示。

图 2-132　单击 ⊘（无）按钮，或者
单击 ↻（重置）按钮

图 2-133　去除现有蒙版的效果

9）添加和删除蒙版关键帧。方法：在时间线中将时间定位在要添加蒙版关键帧的位置，然后在"蒙版"子选项卡中单击 ◇ 按钮，如图 2-134 所示，即可给所有蒙版属性添加一个关键帧。在"蒙版"子选项卡中单击 ◆ 按钮，如图 2-135 所示，即可删除已添加的关键帧（关于蒙版关键帧的具体使用方法，请参见"4.3　制作直线分屏、旋转分屏和圆形扫描开场效果"）。

提示：单击"位置""旋转""大小"和"羽化"后的 ◇ 按钮，也可以分别给这些蒙版属性添加关键帧。

图 2-134　单击 ◇ 按钮　　　　图 2-135　单击 ◆ 按钮

2.9　特效

在电视节目和短视频的制作过程中，特效的应用不仅可以使枯燥无味的画面变得生动有趣，还可以弥补拍摄过程中造成的画面缺陷问题。在剪映中提供了大量的特效，通过这些视频特效，用户可以随心所欲地创作出丰富多彩的视觉效果。

2.9.1　添加特效

在剪映中的特效包括"画面特效"和"人物特效"两种类型，如图 2-136 所示。用户可以根据需要将所需特效拖到时间线素材上方轨道，如图 2-137 所示，或将特效直接拖到时间线的素材上，如图 2-138 所示。二者的区别在于前者添加的特效会对其下方所有轨道的素材起作用；而后者添加的特效只会对拖入的轨道素材起作用。下面以一个案例来讲解给素材添加"画面特效"的方法，具体操作步骤如下。

图 2-136　"画面特效"和"人物特效"两种类型

图 2-137　将所需特效拖到时间线素材上方轨道　　图 2-138　将特效直接拖到时间线的素材上

1）在时间线中选择要添加特效的素材，如图 2-139 所示，此时播放器显示效果如图 2-140 所示。

图 2-139　选择要添加特效的素材　　　图 2-140　播放器显示效果

2）在素材面板中单击"特效→画面特效→自然"，然后在右侧选择"孔明灯 II"，如图 2-141 所示，将其拖入时间线素材上方轨道，入点为 00:00:00:00，如图 2-142 所示。

提示：将时间滑块定位在00:00:00:00的位置，然后单击"孔明灯II"右下方的 ⊕（添加到轨道）按钮，也可以将"孔明灯II"特效添加到时间线。

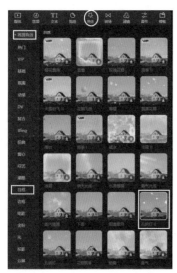
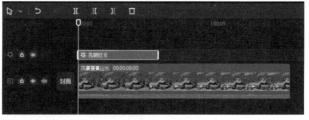

图 2-141　选择"孔明灯 II"特效　　　图 2-142　将"孔明灯 II"拖入时间线，入点为 00:00:00:00

3）此时"孔明灯 II"特效的长度并没有与素材匹配，下面在时间线中通过拖拉的方式，将"孔明灯 II"特效的出点设置为与素材的出点一致，如图 2-143 所示，此时按空格键预览，就可以看到"孔明灯 II"特效的效果了，如图 2-144 所示。

图 2-143　将"孔明灯 II"特效的出点设置为与素材的出点一致

图 2-144　"孔明灯 II"特效的效果

2.9.2　编辑和删除特效

在给素材添加特效后，在"特效"选项卡中还可以对其参数进行重新设置，此外对于不满意的特效还可以进行删除。

1. 编辑特效

下面以编辑"孔明灯 II"特效为例，来讲解编辑特效的方法，具体操作步骤如下。

1）在时间线中选择要编辑的"孔明灯 II"特效。

2）在"特效"选项卡中对"孔明灯 II"特效的"滤镜"和"速度"参数进行重新设置，如图 2-145 所示。

3）按空格键预览，就可以看到重新设置参数后的效果了，如图 2-146 所示。

图 2-145　调整"孔明灯 II"特效参数　　　　图 2-146　调整"孔明灯 II"特效参数后的效果

提示：如果要恢复特效默认参数，单击"特效"选项卡右上角的 ⟳ （重置）按钮即可。

2. 删除特效

删除特效的方法很简单，只要在时间线中选择要删除的特效，然后按〈Delete〉键即可。

2.10　贴纸

剪映自带大量的多种类型的动感贴纸。在素材面板中单击"贴纸→贴纸素材"，然后在左侧选择相应的贴纸类型，在右侧就会显示出该贴纸类型中的所有贴纸，如图 2-147 所示。将选择好的贴纸直接拖入时间线或单击贴纸右下方的 ⊕ （添加到轨道）按钮，即可将贴纸添加到时间线中。这里需要说明的是贴纸只能添加到时间线素材上方轨道，而不能直接拖到时间线素材上。关于贴纸的具体应用，请参见"5.3　制作文字围绕水晶球转动的宣传视频"。

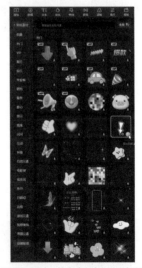

图 2-147　在左侧选择相应的贴纸类型，在右侧就会显示出该贴纸类型中的所有贴纸

2.11　滤镜和自定义调节

在短视频的制作过程中，视频本身往往色彩不是很理想，此时就可以利用剪映中的滤镜和自定义调节两种方法对素材进行调色处理，从而得到所需的色彩效果。

2.11.1　滤镜调色

剪映自带大量滤镜，通过这些滤镜，用户可以快速实现对素材的调色。在素材面板中单击"滤镜→滤镜库"，然后在左侧选择相应的滤镜类型，在右侧就会显示出该滤镜类型中的所有滤镜，如图 2-148 所示。用户根据需要将所需滤镜拖到时间线素材上方轨道，如图 2-149 所示，或将滤镜直接拖到时间线的素材上，如图 2-150 所示。二者的区别在于前者添加的滤镜会对其下方所有轨道的素材起作用；而后者添加的滤镜只会对拖入的轨道素材起作用。

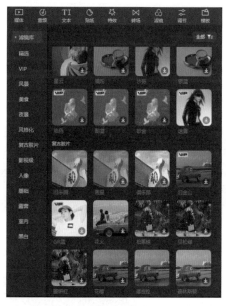

图 2-149　将所需滤镜拖到时间线素材上方轨道

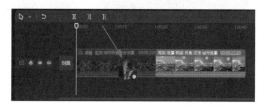

图 2-148　单击"滤镜→滤镜库"显示所有滤镜　　　　图 2-150　将滤镜直接拖到时间线的素材上

1. 添加滤镜

下面以一个案例来讲解给素材添加滤镜的方法，具体操作步骤如下。

1）在时间线中选择要添加滤镜的素材，如图 2-151 所示，此时播放器显示效果如图 2-152 所示。

图 2-151　选择要添加滤镜的素材　　　　图 2-152　播放器显示效果

2）在素材面板中单击"滤镜→滤镜库→黑白"，然后在右侧选择"默片"，如图2-153所示，将其拖入时间线素材上方轨道，入点为00:00:00:00，如图2-154所示。

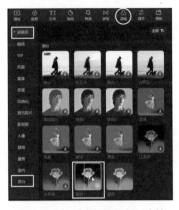

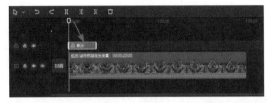

图2-153 选择"默片"滤镜　　图2-154 将"默片"滤镜拖入时间线，入点为00:00:00:00

提示：将时间滑块定位在00:00:00:00的位置，然后单击"默片"滤镜右下方的 ⊕（添加到轨道）按钮，也可以将"默片"滤镜添加到时间线。

3）此时"默片"滤镜的长度并没有与素材匹配，下面在时间线中通过拖拉的方式，将"默片"滤镜的出点设置为与素材的出点一致，如图2-155所示，此时按空格键预览，就可以看到"默片"滤镜的效果了，如图2-156所示。

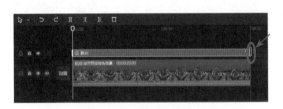

图2-155 将"默片"滤镜的出点设置为　　　图2-156 给素材添加"默片"滤镜的效果
素材的出点一致

2. 编辑和删除滤镜

（1）编辑滤镜

下面通过给前面添加的"默片"滤镜设置关键帧动画，来讲解编辑滤镜的方法，具体操作步骤如下。

1）在时间线中选择要编辑的"默片"滤镜。

2）将时间定位在00:00:00:00的位置，然后在"特效"选项卡中单击"强度"后的◇（添加关键帧）按钮，切换为◆状态，从而给"强度"属性添加一个关键帧，如图2-157所示。接着将时间定位在00:00:10:00的位置，将"默片"滤镜的"强度"数值设置为0，如图2-158所示，这时候软件会自动在00:00:10:00的位置添加一个关键帧，此时时间线显示如图2-159所示，效果如图2-160所示。

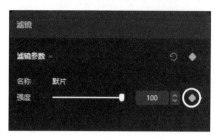

图 2-157　在 00:00:00:00 的位置给"强度"
属性添加一个关键帧

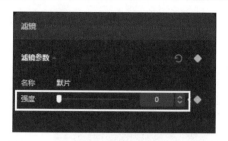

图 2-158　在 00:00:10:00 的位置将"强度"
数值设置为 0

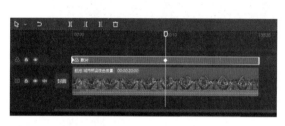

图 2-159　时间线显示

图 2-160　00:00:10:00 的画面效果

3）按空格键预览，就可以看到视频从黑白逐渐变为彩色的效果了，如图 2-161 所示。

图 2-161　预览效果

提示：如果要恢复滤镜默认参数，单击"滤镜"选项卡右上角的 ↻（重置）按钮即可，此时添加的关键帧也会自动被删除。

（2）删除滤镜

删除滤镜的方法很简单，只要在时间线中选择要删除的滤镜，然后按〈Delete〉键即可。

2.11.2　自定义调节

利用剪映的自定义调节功能可以对素材色温、色调、饱和度、亮度、对比度等参数进行调整，从而得到所需的色彩效果。对素材进行自定义调节有以下两种方法。

1. 将自定义调节添加到时间线后调色

下面通过一个案例来讲解将自定义调节添加到时间线后调色的方法，具体操作步骤如下。

1）在素材面板中单击"调节→调节→自定义"，然后在右侧单击"自定义调节"右下方的 ⊕（添加到轨道）按钮，如图 2-162 所示，此时时间线中就会出现一个"调节 1"轨道，如图 2-163 所示。

提示：将"自定义调节"直接拖入时间线，也可以得到同样的效果。

图 2-162 单击"自定义调节"右下方的 ➕ （添加到轨道）按钮

图 2-163 时间线中出现一个"调节 1"轨道

2）在时间线中通过拖拉的方式，将"调节 1"的出点设置为与素材的出点一致，如图 2-164 所示，此时画面效果如图 2-165 所示。

图 2-164 将"调节 1"的出点设置为与素材的出点一致

图 2-165 播放器显示效果

3）在"调节"选项卡的"基础""HSL""曲线"和"色轮"四个子选项卡中可以根据需要对素材进行调色处理。下面就来介绍常用的"基础"子选项卡（见图 2-166）的相关参数。

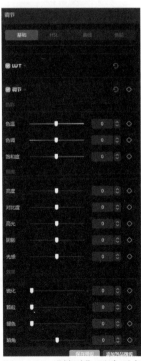

- 色温：用于控制画面是偏冷蓝还是偏暖黄，向左拖动滑块画面会偏冷蓝，向右拖动滑块画面会偏暖黄。
- 色调：用于控制画面偏向哪种颜色。
- 饱和度：用于控制画面色彩的饱和程度。
- 亮度：用于控制画面整体的明亮度。
- 对比度：用于控制画面暗部和亮部的对比程度。
- 高光：用于控制画面亮部的明暗程度。
- 阴影：用于控制画面暗部的明暗程度。
- 光感：用于控制画面中光线的强度。
- 锐化：用于控制画面的清晰度。
- 颗粒：用于控制画面的颗粒程度。
- 褪色：用于控制画面的褪色程度。
- 暗角：用于控制画面四周是否出现黑色暗角效果，图 2-167 所示为将"暗角"数值设置为 50 的效果。

图 2-166 "基础"子选项卡

图 2-167 将"暗角"数值设置为 50 的效果

4）此时将"色温""色调"和"饱和度"的数值均设置为 30，如图 2-168 所示，效果如图 2-169 所示。

> 提示：如果要删除调色效果，只要在时间线中选择"调色"轨道，然后按〈Delete〉键即可。

2. 直接在"调节"子选项卡中进行调色

直接在"调节"子选项卡中进行调色的方法很简单，只要在时间线中选择要调色的素材，然后在"调节"子选项卡中进行调色即可。

> 提示：如果恢复素材调色前的状态，只要在"调节"子选项卡中单击"调节"后的 ⟲（重置）按钮即可。

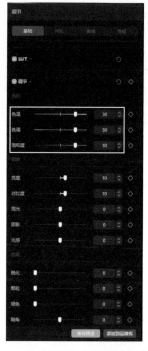

图 2-168 将"色温""色调"和"饱和度"的数值均设置为 30

2.12 色度抠图和混合模式的使用

在视频剪辑过程中去除素材中的绿底、蓝底、黑底和白底是常用的操作。在剪映中利用色度抠图可以去除不透明素材中的绿底、蓝底，而对于半透明素材中的绿底、蓝底、黑底、白底则需要利用混合模式进行去除。本节将具体讲解色度抠图和混合模式两种抠图方法。

图 2-169 将"色温""色调"和"饱和度"的数值均设置为 30 的画面效果

2.12.1 色度抠图

利用剪映中的色度抠图功能可以轻松去除不透明素材中的绿底、蓝底，下面通过一个案例来讲解去除不透明素材中绿底的方法，具体操作步骤如下。

2.12.1 色度抠图

1）在素材面板中导入网盘中的"源文件 \ 第 2 章　剪映专业版的基础知识 \2.12.1　色度抠图 \ 风景 .mp4"和"舞台绿幕素材 .mp4"素材，如图 2-170 所示。

图 2-170　导入素材

2）将素材面板中的"风景 .mp4"素材拖入时间线主轨道，如图 2-171 所示，此时播放器显示如图 2-172 所示。然后将"舞台绿幕素材 .mp4"素材拖入主轨道上方轨道，如图 2-173 所示，接着将时间定位在绿幕逐渐打开的位置（也就是 00:00:03:17），此时播放器显示如图 2-174 所示。

图 2-171　将"风景 .mp4"素材拖入时间线主轨道

图 2-172　播放器显示 1

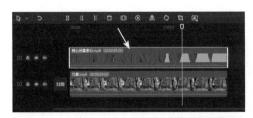

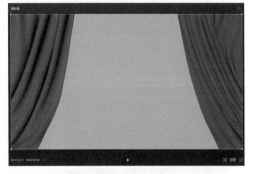

图 2-173　将"舞台绿幕素材 .mp4"素材拖入
主轨道上方轨道

图 2-174　播放器显示 2

3）在时间线中选择"舞台绿幕素材 .mp4"素材，然后在"画面"选项卡的"抠像"子选项卡中勾选"色度抠图"复选框，再单击"色度抠图"下方的取色器后面的▧工具，如图 2-175 所示，接着在播放器的绿幕位置单击，从而吸取绿色，如图 2-176 所示。

图 2-175　单击"色度抠图"下方
的取色器后面的　工具

图 2-176　吸取绿色

4）在时间线中选择"舞台绿幕素材 .mp4"素材，然后在"画面"选项卡的"抠像"子选项卡中将"强度"数值设置为 100，如图 2-177 所示，这时候素材中的绿底就被抠除了，从而显现出下面的素材。但是此时红色幕布上会出现局部抠除过多的区域，如图 2-178 所示。下面在"抠像"子选项卡中将"阴影"数值设置为 20，如图 2-179 所示，此时红色幕布抠除过多的区域就被去除了，如图 2-180 所示。

图 2-177　将"强度"数值设置为 100

图 2-178　红色幕布上出现局部抠除过多的区域

图 2-179　将"阴影"数值设置为 20

图 2-180　红色幕布抠除过多的区域被去除的效果

5）按空格键预览，就可以看到幕布逐渐打开的同时逐渐显现出风景的效果了，如图 2-181 所示。

图 2-181　幕布逐渐打开的同时逐渐显现出风景的效果

2.12.2　混合模式

利用剪映的混合模式可以完美去除半透明素材中的黑底、白底。

2.12.2　混合模式（去除半透明素材中的黑底）

1. 去除半透明素材中的黑底

下面通过一个案例来讲解去除半透明素材中黑底的方法，具体操作步骤如下。

1）在素材面板中导入网盘中的"源文件 \ 第 2 章　剪映专业版的基础知识 \2.12.2　混合模式 \ 去除黑底 \ 喷泉流水 .mp4"和"黑底烟雾素材 .mp4"素材，如图 2-182 所示。

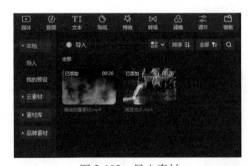

图 2-182　导入素材

2）将素材面板中的"喷泉流水 .mp4"素材拖入时间线主轨道，如图 2-183 所示，此时播放器显示如图 2-184 所示。然后将"黑底烟雾素材 .mp4"素材拖入主轨道上方轨道，如图 2-185 所示，此时播放器显示如图 2-186 所示。

图 2-183　将"喷泉流水 .mp4"素材拖入时间线主轨道

图 2-184　播放器显示 1

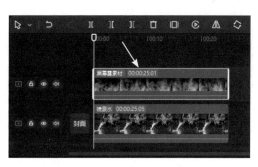

图 2-185　将"黑底烟雾素材 .mp4"素材
拖入主轨道上方轨道

图 2-186　播放器显示 2

3）去除"黑底烟雾素材 .mp4"素材中的黑色。方法：在时间线中选择"黑底烟雾素材 .mp4"素材，然后在"画面"选项卡的"基础"了选项卡中将"混合模式"设置为"滤色"，如图 2-187 所示，此时"黑底烟雾素材 .mp4"素材中的黑色就被去除了，如图 2-188 所示。

图 2-187　将"混合模式"设置为"滤色"

图 2-188　"黑底烟雾素材 .mp4"素材中
的黑色被去除了的效果

4）按空格键预览，效果如图 2-189 所示。

图 2-189　预览效果

2. 去除半透明素材中的白底

去除素材中的白底的方法和去除黑底的方法类似，只要将"混合模式"改为"变暗"即可，具体应用可参见"7.3　制作水墨和多边形开场效果"。

2.13 音频的剪辑

剪映中的音频包括音效和音乐两种。在短视频制作过程中，往往都会在后期编辑时添加适合的音效和背景音乐，本节就来讲解在剪映中添加音频和调整音频的常用方法。

2.13.1 添加音频

在剪映中添加音频有以下三种方式。

1. 添加本地音频文件

添加本地音频文件的具体操作步骤如下。

1）在素材面板中单击"媒体→本地"，然后在右侧单击"导入"按钮，如图 2-190 所示。

2）在弹出的"请选择媒体资源"对话框中选择网盘中的"源文件 \6.3　制作百叶窗视频效果 \ 背景音乐 .MP3"，如图 2-191 所示，单击"打开"按钮，即可将其导入到素材面板，如图 2-192 所示。

3）将导入的音频文件拖入到时间线（或在素材面板中单击音频右下方的 ● (添加到轨道) 按钮，如图 2-193 所示），即可将其添加到时间线，如图 2-194 所示。

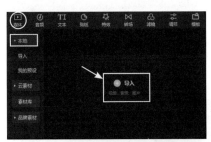

图 2-190　单击"导入"按钮 1

图 2-191　选择"背景音乐 .MP3"

图 2-192　导入背景音乐

图 2-193　单击 ● (添加到轨道) 按钮

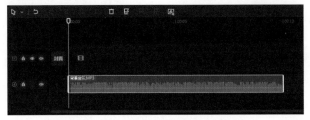

图 2-194　将音频添加到时间线 1

2. 添加剪映自带音频

添加剪映自带音频包括添加音乐、添加音效、音频提取、抖音收藏、链接下载和品牌音乐6种方式。下面就来分别讲解这6种添加音频的方式。

（1）添加音乐

添加音乐的具体操作步骤如下。

1）在素材面板中单击"音频→音乐素材→收藏"，然后在图2-195所示的右侧收藏夹中选择提前收藏好的音乐（或在右侧搜索栏中输入要添加的音乐名称，再在下方选择合适的音乐，如图2-196所示）进行试听。

图2-195　在收藏夹中选择提前收藏好的音乐进行试听　　图2-196　选择合适的音乐进行试听

2）将选择好的音乐拖入到时间线（或在素材面板中单击音乐右下方的 ⊕（添加到轨道）按钮），即可将其添加到时间线，如图2-197所示。

图2-197　将选择好的音乐添加到时间线

（2）添加音效

音效是指水滴声、拍照声、打字声、爆炸声等声效，在剪映中添加音效的具体操作步骤如下。

1）在素材面板中单击"音频→音效素材"，然后在右侧收藏夹中选择提前收藏好的音效（或在右侧搜索栏中输入要添加的音效名称，再在下方选择合适的音效，如图2-198所示），如图2-199所示，进行试听。

2）将选择好的音效拖入到时间线（或在素材面板中单击音乐右下方的 ⊕（添加到轨道）按钮），即可将其添加到时间线，如图2-200所示。

（3）音频提取

在剪映中可以将一段视频中的音频直接提取出来，具体操作步骤如下。

图 2-198 选择合适的音效进行试听

图 2-199 在收藏夹中选择提前收藏好的音效进行试听

图 2-200 将选择好的音效添加到时间线

1）在素材面板中单击"音频→音频提取"，然后在右侧单击"导入"按钮，如图 2-201 所示。

2）在弹出的"请选择媒体资源"对话框中选择网盘中的"源文件\8.3 制作片尾动画效果\片尾动画效果.mp4"，如图 2-202 所示，单击"打开"按钮，即可将其导入到素材面板，如图 2-203 所示。

3）将导入的音频文件拖入到时间线（或在素材面板中单击音频右下方的 ⊕（添加到轨道）按钮），即可将其添加到时间线，如图 2-204 所示。

图 2-201 单击"导入"按钮 2

图 2-202 选择"片尾动画效果.mp4"

图 2-203 导入音频

图 2-204 将音频添加到时间线 2

（4）抖音收藏

在剪映中可以将抖音收藏的音乐直接提取出来，具体操作步骤如下。

1）在抖音中选择一首音乐（此时选择的是"2023福气满满"），然后单击★按钮，如图2-205所示，将其收藏。

2）在剪映素材面板中单击"音频→抖音收藏"，然后在右侧选择"2023福气满满"进行试听，如图2-206所示。

3）将"2023福气满满"拖入到时间线（或在素材面板中单击"2023福气满满"右下方的 ⊕ （添加到轨道）按钮），即可将其添加到时间线，如图2-207所示。

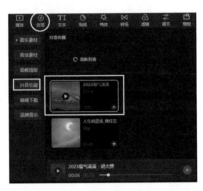

图2-206 选择"2023福气满满"进行试听

图2-205 在抖音中收藏音乐

图2-207 将"2023福气满满"添加到时间线

（5）链接下载

在剪映中可以将抖音链接地址中的音频添加到时间线。方法：在素材面板中单击"音频→链接下载"，然后在图2-208所示的搜索栏中粘贴抖音分享音乐的链接地址，即可将其下载到素材面板中。接着将其拖入时间线即可。

（6）品牌音乐

在剪映中可以将自己小组中制作的音频添加到时间线。方法：在素材面板中单击"音频→品牌音乐"，然后在右侧可以选择自己小组制作的音乐，如图2-209所示，接着将其拖入时间线即可。

3. 通过剪映自带录音功能添加音频

通过剪映自带录音功能添加音频的具体操作步骤如下。

1）在工具栏中单击🎤（录音）按钮，如图2-210所示，此时会弹出的"录音"面板，如图2-211所示。该面板的参数含义如下。

图 2-208　粘贴抖音分享音乐的链接地址

图 2-209　选择自己小组制作的音乐

图 2-210　单击 🎤 （录音）按钮

- "输入设备"列表框：用于选择录音设备，此时选择的是"麦克风（USB Advanced Audio Device）"。
- 输入音量：用于控制录音时的音量，此时将"输入音量"设置为 55。
- 回声消除：勾选该复选框，可以消除传声器产生的回声。
- 草稿静音：勾选该复选框，时间线中的音乐就会被静音，从而不影响录音操作。

2）单击 ● 按钮，开始录音，此时播放器中会显示出 3、2、1 的
数字提示，如图 2-212 所示，当数字提示结束后，就会开始录音。

图 2-211　"录音"面板

3）当录音完成后，在"录音"面板中单击 ■ 按钮，如图 2-213 所示，停止录音，此时录制好的声音就被添加到时间线中了，如图 2-214 所示。

图 2-212　播放器中显示出 3、2、1 的数字提示

图 2-213　单击 ■ 按钮，停止录音

图 2-214　录制好的声音被添加到时间线

2.13.2　调整音频

在剪映中调整音频的操作主要有设置音频的入点和出点、设置音频的音量、设置音频的淡入淡出、去除视频原声 4 种，下面就来进行具体讲解。

2.13.2　调整音频（设置音频入点和出点）

1. 设置音频的入点和出点

设置音频的入点和出点分为手动设置和精确设置两种方法。

（1）手动设置音频的入点和出点

手动设置音频的入点和出点的具体操作步骤如下。

1）将素材面板中提前准备好的音乐拖入时间线，入点为 00:00:00:00，如图 2-215 所示。

图 2-215　将提前准备好的音乐拖入时间线

2）去除音乐起始位置的静音。方法：通过工具栏中的工具放大时间线显示，然后将鼠标放置在音乐开始位置，此时光标会变为横向双向箭头，如图 2-216 所示，接着拖动鼠标将音乐开始位置的静音去除，如图 2-217 所示，最后将音乐整体往前移动，入点为 00:00:00:00，如图 2-218 所示。

图 2-216　光标变为横向双向箭头 1

图 2-217　将音乐开始位置的静音去除

图 2-218　将音乐整体往前移动，入点为 00:00:00:00

3）去除音乐结束位置的静音。方法：将光标放置在音乐结束位置，此时光标会变为横向双向箭头，如图 2-219 所示，接着拖动鼠标将音乐结束位置的静音去除，如图 2-220 所示。

图 2-219　光标变为横向双向箭头 2

图 2-220　将音乐结束位置的静音去除

（2）精确设置音频的入点和出点

精确设置音频的入点和出点的具体操作步骤如下。

1）将素材面板中提前准备好的音乐拖入时间线，入点为 00:00:00:00，如图 2-215 所示。

2）去除音乐开始位置的静音。方法：将时间定位在 00:00:02:16 的位置，然后在工具栏中单击 ▯（分割）按钮，从而在 00:00:02:16 的位置将音频一分为二，如图 2-221 所示。接着选择 00:00:02:16 之前的静音素材，按〈Delete〉键删除，最后再将音乐整体往前移动，入点为 00:00:00:00，如图 2-222 所示。

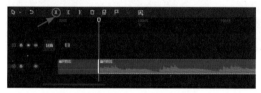

图 2-221　在 00:00:02:16 的位置将音频一分为二

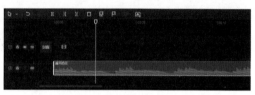

图 2-222　将音乐整体往前移动，入点为 00:00:00:00

3）去除音乐结束位置的静音。方法：将光标定位在 00:04:35:20 的位置，然后在工具栏中单击 ▯（分割）按钮，从而在 00:04:35:20 的位置将音频一分为二，如图 2-223 所示，接着选择 00:04:35:20 文后的静音素材，按〈Delete〉键删除，如图 2-224 所示。

图 2-223　在 00:04:35:20 的位置将音频一分为二

图 2-224　将 00:04:35:20 之后的静音素材删除

2. 设置音频的音量

设置音频音量有以下两种方法。

（1）在时间线中调整音频的音量

在时间线中调整音频的音量的具体操作步骤如下。

1）在时间线中将鼠标放置在要调整音量的音频素材上，此时音频素材会显示出一条白色的水平直线，光标也会变为竖向的双向箭头，如图 2-225 所示。

2.13.2 调整音频（设置音频的音量）

图 2-225　光标变为竖向的双向箭头

2）往上拖动白色的水平直线，如图 2-226 所示，会提高音量；往下拖动白色的水平直线，如图 2-227 所示，会降低音量。

图 2-226　往上拖动白色的水平直线提高音量

图 2-227　往下拖动白色的水平直线降低音量

（2）在"音频"选项卡中调整音量

在"音频"选项卡中调整音量的方法很简单，只要在时间线中选择要调整音量的音频，然后在图 2-228 所示的"音频"选项卡中将"音量"滑块往右移动，就会提高音量；将"音量"滑块往左移动，就会降低音量。

图 2-228　"音频"选项卡

3. 设置音频的淡入淡出

设置音频淡入淡出有以下两种方法。

（1）在时间线中调整音频淡入淡出

在时间线中调整音频淡入淡出的具体操作步骤如下。

1）在时间线中将鼠标放置在要调整音量的音频素材上，此时音频素材开始和结束位置都会出现一个圆形 标记，如图 2-229 所示。

2.13.2 调整音频（设置音频的淡入淡出）

图 2-229　音频素材开始和结束位置都会出现一个圆形◉标记

2）设置音频的淡入效果。方法：将鼠标放置在起始位置的圆形◉标记上，当光标变为横向双向箭头时，往右拖动，即可设置出音频的淡入效果，如图 2-230 所示。

3）设置音频的淡出效果。方法：将鼠标放置在结束位置的圆形◉标记上，当光标变为横向双向箭头时，往左拖动，即可设置出音频的淡出效果，如图 2-231 所示。

图 2-230　设置音频的淡入效果

图 2-231　设置音频的淡出效果

（2）在"音频"选项卡中设置音频淡入淡出

在"音频"选项卡中调整音频的方法很简单，只要在时间线中选择要调整音量的音频，然后在图 2-228 所示的"音频"选项卡中调整"淡入时长"和"淡出时长"即可。

2.13.2　调整音频（去除视频原声）

4. 去除视频原声

去除视频原声有以下两种方法。

（1）通过 🔊（关闭原声）按钮去除视频原声

通过 🔊（关闭原声）按钮去除视频原声的方法很简单，在时间线要关闭原声的视频轨道前面单击 🔊（关闭原声）按钮，切换为 🔇 状态，如图 2-232 所示，即可去除视频原声。

图 2-232　切换为 🔇 状态

（2）从视频中分离音乐

通过"分离音频"命令，可以将一段视频素材中的背景音乐分离出来，然后删除分离出的音乐即可去除视频中的原声，具体操作步骤如下。

1）在时间线中右键单击带有原声的视频素材，从弹出的快捷菜单中选择"分离音频"命令，如图 2-233 所示，即可将视频中的音频分离到一个新的轨道，如图 2-234 所示。

图 2-233　选择"分离音频"命令　　　　图 2-234　将视频中的音频分离到一个新的轨道

2）选择分离出的音频，然后按〈Delete〉键删除，即可去除视频中的原声。

2.14　文本处理

文字是视频编辑中十分重要的元素。本节将具体讲解在剪映中添加文字、设置花字样式和文字出入场动画、识别歌词、智能字幕、利用朗读将文字转换为语音的操作。

2.14.1　添加文字

在剪映中添加并设置文字属性的具体操作步骤如下。

1）在素材面板中单击"文本→新建文本"，然后在右侧单击"默认文本"右下方的 （添加到轨道）按钮，如图 2-235 所示，即可将默认文本添加到时间线，如图 2-236 所示，此时播放器显示如图 2-237 所示。

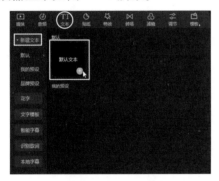

图 2-235　单击"默认文本"右下方的　　　图 2-236　将默认文本添加到时间线
　　　　　 （添加到轨道）按钮

图 2-237　播放器显示

2）修改文字内容。方法：在"文本"选项卡的"基础"子选项卡中选择"默认文本"，如图 2-238 所示，然后将文字更改为"凡哥创作课堂"，如图 2-239 所示，此时播放器中的文字内容会自动更新，如图 2-240 所示。

图 2-238　选择"默认文本"　　图 2-239　将文字更改　　图 2-240　播放器中的文字内容会自动更新
　　　　　　　　　　　　　　　　为"凡哥创作课堂"

3）在"文本"选项卡的"基础"子选项卡根据需要对文字的"字体""字号""样式""颜色""字间距""行间距"和"对齐方式"等属性进行进一步设置，这里就不赘述了。

2.14.2　花字样式和文字出入场动画

在剪映中不仅可以设置文字属性，还可以给文字添加花字样式，并给文字添加出入场动画，具体操作步骤如下。

1）给文字添加花字样式。方法：在时间线中选择文字素材，然后在"文本"选项卡的"花字"子选项卡选择一种花字样式，如图 2-241 所示，此时文字就被添加了这种花字样式，效果如图 2-242 所示。

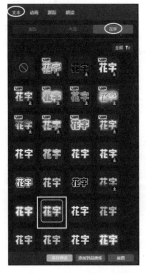

图 2-241　选择一种花字样式　　　　　　图 2-242　添加了花字样式的效果

提示：如果要取消花字样式，只要在"文本"选项卡的"花字"子选项卡中单击██按钮，即可去除已添加的花字样式。

2）设置文字出入场动画。方法：在时间线中选择文字素材，然后在"动画"选项卡的"入场"子选项卡中可以选择文字入场动画类型，并可以设置入场动画的"动画时长"，如图 2-243 所示；在"动画"选项卡的"出场"子选项卡中可以选择文字出场动画类型，并可以设置出场动画的"动画时长"，如图 2-244 所示；在"动画"选项卡的"循环"子选项卡中可以选择文字出入场动画类型，并可以设置出入场动画的"动画快慢"，如图 2-245 所示。

提示：如果要取消文字的出入场动画，只要在"动画"选项卡的相应子选项卡中单击██按钮，即可去除已添加的出入场动画。

图 2-243　选择文字入场动画　　　图 2-244　选择文字出场动画　　　图 2-245　选择文字出入场动画
类型和"动画时长"　　　　　类型和"动画时长"　　　　　类型和"动画快慢"

2.14.3　识别歌词

在剪映中可以根据歌曲中的歌词自动匹配字幕，下面通过一个案例来讲解根据歌曲中的歌词自动匹配字幕的方法，具体操作步骤如下。

2.14.3　识别歌词

1）在素材面板中单击"音频→音乐素材"，然后在右侧搜索栏中输入"让我们荡起双桨"，接着选择 42s 的"让我们荡起双桨"进行试听，再单击右下方的██（添加到轨道）按钮，如图 2-246 所示，将其添加到时间线，如图 2-247 所示。

 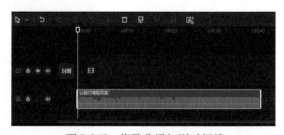

图 2-246　单击右下方的██　　　　　图 2-247　将歌曲添加到时间线
（添加到轨道）按钮

2）在素材面板中单击"文本→识别歌词"，然后在右侧单击"开始识别"按钮，如图 2-248 所示，此时软件会开始识别歌曲中的字幕，显示出图 2-249 所示的界面，当软件识别完成后，在时间线中会显示出根据歌曲识别后的字幕，如图 2-250 所示。

图 2-248　单击"开始识别"按钮　　　图 2-249　歌曲　　　图 2-250　根据歌曲识别后的字幕
识别中

3）按空格键预览，会发现最后一个字幕和对应的歌曲是多余的，下面在时间线中将时间定位在最后一个字幕的开始位置，然后选择歌曲，在工具栏中单击 ▌▌（分割）按钮，将其在此处分割开，如图 2-251 所示。接着选择分割后多余的歌曲和上方的字幕，按〈Delete〉键删除，此时时间线显示如图 2-252 所示。

图 2-251　将多余的歌曲分割出来

图 2-252　删除多余的歌曲和字幕

4）按空格键预览，就可以看到伴随着歌曲逐个出现的字幕效果了，如图 2-253 所示。

图 2-253　伴随着歌曲逐个出现的字幕效果

2.14.4　智能字幕

剪映中的"智能字幕"功能可以根据视频中的声音自动生成字幕。具体操作请参见"7.6 制作根据教学视频中的讲解自动生成字幕效果"。

2.14.5 利用朗读将文字转换为语音

剪映可以给输入的文字进行配音，从而模拟出不同人的声调。下面通过一个案例来讲解利用朗读将文字转换为语音的方法，具体操作步骤如下。

1）在素材面板中单击"文本→新建文本"，然后在右侧单击"默认文本"右下方的⊕（添加到轨道）按钮，如图 2-254 所示，即可将默认文本添加到时间线，如图 2-255 所示，此时播放器中显示如图 2-256 所示。

图 2-254 单击"默认文本"
右下方的⊕（添加到轨道）按钮

图 2-255 将默认文本添加到时间线

图 2-256 播放器显示效果

2）打开网盘中的"源文件 \ 第 2 章 剪映专业版的基础知识 \2.14.5 利用朗读将文字转换为语音 \ 文字 .txt"文件，如图 2-257 所示，然后按快捷键〈Ctrl+C〉复制，再在"文本"选项卡的"基础"子选项卡中选择"默认文本"，如图 2-258 所示，按快捷键〈Ctrl+V〉粘贴，如图 2-259 所示，此时播放器显示如图 2-260 所示。

图 2-257 文字 .txt

图 2-258 选择"默认文本"

图 2-259 粘贴文本的效果

图 2-260 播放器显示

3）给文字配音。方法：进入"朗读"子选项卡，然后在下方单击"古风男主"进行试听，接着单击下方的"开始朗读"按钮，如图 2-261 所示，此时软件会开始计算，显示出图 2-262 所示的界面，当软件朗读完成后，在时间线中会自动添加音频轨道，如图 2-263 所示。

图 2-261　单击"古风男主"　　图 2-262　"文本朗　　图 2-263　在时间线中会自动添加音频轨道
　　　　进行试听　　　　　　读中"界面

4）此时字幕持续时间过短，下面将字幕素材的出点设置为与音频一致，如图 2-264 所示，然后按空格键预览，就可以听到文字转换为语音的效果了。

5）制作文字跟随语音逐个显现的效果。方法：进入"动画"选项卡的"入场"子选项卡，然后单击"打字机 I"，并将"动画时长"设置为 17.8s，如图 2-265 所示。

图 2-264　将字幕素材的出点设置为与音频一致

图 2-265　单击"打字机 I"，并将
　　　　"动画时长"设置为 17.8s

6）按空格键预览，就可以看到随着语音逐个出现的文字效果了，如图 2-266 所示。

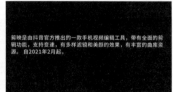

图 2-266　随着语音逐个出现的文字效果

2.15　视频的导出

在视频编辑完成后，接下来就是导出视频。剪映不仅可以导出编辑好的视频，还可以将导出的视频直接发布到用户的"抖音"和"西瓜视频"账号上，具体操作步骤如下。

1）在视频编辑完成后，单击剪映操作界面右上方  按钮，如图 2-267 所示，此时会弹出图 2-268 所示的"导出"对话框。该对话框的参数含义如下。

图 2-267　单击剪映操作界面右上方  按钮

图 2-268　"导出"对话框

● 标题：用于设置输出的文件名称。
● 导出至：用于设置导出视频保存的位置。
● 分辨率：用于设置导出视频文件的分辨率，在右侧下拉列表中有"1080P""480P""720P""2K"和"4K"5 种分辨率可供选择，此时选择的是"1080P"。
● 码率：用于设置视频文件的输出码率，在右侧下拉列表中有"推荐""更高""更低"和"自定义"4 个选项可供选择，此时选择的是"推荐"。
● 编码：用于设置输出视频的编码类型，在右侧下拉列表中有"H.264""HEVC"和"AVI"3 个选项可供选择、此时选择的是"H.264"。
● 视频导出"格式"：用于设置视频文件的输出格式，在右侧下拉列表中有"mp4"和"mov"两个选项可供选择，此时选择的是"mp4"。
● 帧率：用于设置输出视频的帧率，在右侧下拉列表中有"30fps""24fps""25fps""50fps"和"60fps"5 个选项可供选择，此时选择的是"30fps"。
● 音频导出"格式"：用于设置音频的输出格式，在右侧下拉列表中有"MP3""WAV"和"AAC"3 个选项可供选择，此时选择的是"MP3"。
● 字幕导出"格式"：用于设置文字的输出格式，在右侧下拉列表中有"SRT"和"TXT"两个选项可供选择，此时选择的是"SRT"。

2）在导出参数设置完成后，单击 导出 按钮，会显示出图 2-269 所示的导出进度框，当视频导出完成后会显示出图 2-270 所示的对话框，提示用户是否将导出的视频直接发布到用户的"抖音"和"西瓜视频"账号上，此时如果不需要发布到网上，单击"关闭"按钮即可。

图 2-269　导出进度框

图 2-270　视频导出完成后的对话框

3）如果要发布到"抖音"或"西瓜视频"上，则可以选择相应的选项，此时选择的是"西瓜视频"，然后单击 发布 按钮，这时会弹出图 2-271 所示的发布进程界面，当发布完成后，该界面会自动关闭，此时在用户的"西瓜视频"账号上就会显示出刚发布的视频文件，如图 2-272 所示。

图 2-271　发布进程界面

图 2-272　在用户的"西瓜视频"账号上就会
显示出刚发布的视频文件

2.16　在剪映专业版中将草稿文件分享给其他人

在剪映专业版中如果要将制作好的草稿文件分享给其他人，在其他人打开后不会出现素材丢失的错误，一定要事先将制作好的草稿文件进行打包。在剪映专业版中，打包草稿文件的具体操作步骤如下。

1）在剪映专业版中打开要打包的草稿文件（此时打开的是"8.3　制作片尾动画效果"）。

2）在"草稿参数"面板中单击 修改 按钮，如图 2-273 所示，然后在弹出的"草稿设置"对话框中选择"复制至草稿"，如图 2-274 所示，再单击 保存 按钮。

2.16　在剪映专业版中将草稿文件分享给其他人

3）在计算机中找到剪映专业版打包好的草稿文件夹，默认位置为"C:\ 用户 \Adminstrator\ AppData\Local\JianyingPro\User Data\Projects\com.lveditor.draft\8.3　制作片尾动画效果"，如图 2-275 所示。然后将这个文件夹共享给其他人即可。

图 2-273　单击 修改 按钮

图 2-274　选择"复制至草稿"

4）其他人只要将下载的"8.3　制作片尾动画效果"草稿文件夹复制到本地计算机剪映草稿文件默认所在的"C:\ 用户 \Adminstrator\AppData\Local\JianyingPro\User Data\Projects\com.lveditor.draft"文件夹中，然后打开剪映专业版就可以看到这个草稿文件了，如图 2-276所示，接着单击该草稿文件，就可以打开该草稿文件而不会出现丢失相关素材的问题。

图 2-275　在计算机中找到剪映专业版
打包好的草稿文件夹

图 2-276　打开剪映专业版显示的
共享的草稿文件

2.17　课后练习

1）简述剪映专业版的操作界面构成。
2）简述设置文字花字样式和设置文字出入场动画的方法。
3）简述导出视频的方法。

第 2 部分　基础实例演练

- 第 3 章　视频基本剪辑和关键帧动画的应用
- 第 4 章　转场和蒙版的应用
- 第 5 章　特效的应用
- 第 6 章　滤镜和调色的应用
- 第 7 章　音频和文本的应用

第3章 视频基本剪辑和关键帧动画的应用

在电视节目及电影制作过程中，视频剪辑和关键帧动画是最基本的编辑手法。视频基本剪辑包括对原始视频进行分割、删除、旋转、镜像、裁剪和倒放等基础操作；而利用关键帧可以使素材产生各种动画效果。通过本章学习，读者应掌握利用剪映对视频进行基本剪辑和关键帧动画的应用。

3.1 制作滚动滑屏效果

 要点：

3.1 制作滚动滑屏效果

本例将制作一个滚动滑屏效果，如图3-1所示。通过本例的学习，读者应掌握关键帧动画、替换片段、贴纸、设置音乐的淡出效果和输出视频的应用。

图 3-1 滚动滑屏效果

 操作步骤：

1. 制作"素材1.mp4"在00:00:00:00~00:00:04:00从画面中央向左移出画面的效果

1）启动剪映专业版，然后单击"开始创作"按钮，新建一个草稿文件。

2）导入素材。方法：在素材面板中单击"导入"按钮，如图3-2所示，然后在弹出的"请选择媒体资源"对话框中选择网盘中的"源文件\3.1 制作滚动滑屏效果\素材1.mp4～素材5.mp4"，如图3-3所示，单击 打开(O) 按钮，此时素材面板显示如图3-4所示。

图 3-2 单击"导入"按钮

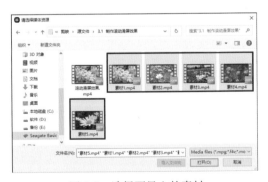

图 3-3 选择要导入的素材

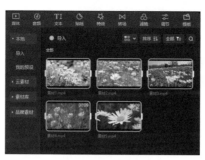

图 3-4　素材面板

3）添加白场。方法：在素材面板中单击"媒体→素材库→热门"，然后在右侧选择"白场"，如图 3-5 所示，接着将其拖入时间线面板主轨道，出点设置为 00:00:17:20，如图 3-6 所示。

> 提示：在剪映中拖入时间线主轨道的第一个素材默认入点是 00:00:00:00，不能更改。而拖入其余轨道的素材的入点则可以任意设置。

图 3-5　选择"白场"

图 3-6　将"白场"拖入时间线面板主轨道

4）在素材面板中单击"媒体→本地"，然后在右侧选择"素材 1.mp4"素材，将其拖入时间线面板，入点为 00:00:00:00，如图 3-7 所示。接着在"画面"选项卡的"基础"子选项卡中将"缩放"数值设置为 90%，如图 3-8 所示，此时播放器中的显示效果如图 3-9 所示。

图 3-7　将"素材 1.mp4"拖入时间线面板，入点为 00:00:00:00

图 3-8　将"缩放"数值设置为 90%

图 3-9　将"缩放"数值设置为 90% 的效果

5）设置"素材 1.mp4"从画面中央向左移出画面的效果。方法：将时间定位在 00:00:00:00 的位置，然后在"画面"选项卡的"基础"子选项卡中单击"位置"后面的◇（添加关键帧）按钮，添加关键帧，如图 3-10 所示。接着将时间定位在 00:00:04:00 的位置，在播放器中将"素材 1.mp4"向左移出画面，如图 3-11 所示，此时在时间线面板中可以看到在"素材 1.mp4"的 00:00:04:00 位置会自动添加一个关键帧，如图 3-12 所示。

提示：当将"素材1.mp4"向左刚好移出画面时，显示出水平和垂直两条蓝色参考线，表示"素材 1.mp4"在水平方向上是居中对齐的，而在垂直方向上右侧边缘正好与画面左侧边缘对齐。

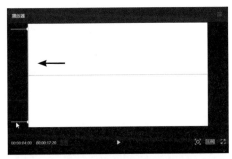

图 3-10　在 00:00:00:00 的位置添加关键帧　　图 3-11　在 00:00:04:00 的位置将"素材 1.mp4"向左移出画面

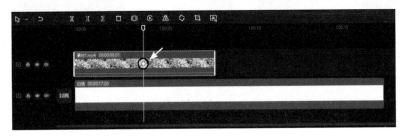

图 3-12　在 00:00:04:00 的位置会自动添加一个关键帧

6）按键盘上的空格键预览，就可以看到"素材 1.mp4"在 00:00:00:00 ～ 00:00:04:00 从画面中央向左移出画面的效果了，如图 3-13 所示。

图 3-13　"素材 1.mp4"在 00:00:00:00 ～ 00:00:04:00 从画面中央向左移出画面的效果

2. 制作"素材2.mp4"在00:00:00:00～00:00:08:00从画面右侧进入再从画面左侧移出的效果

1）将素材面板中的"素材 2.mp4"素材拖入时间线面板，入点为 00:00:00:00，如图 3-14 所示。然后在"画面"选项卡的"基础"子选项卡中将"缩放"数值设置为 90%，接着将时间定位在 00:00:04:00 的位置记录一个"位置"关键帧。

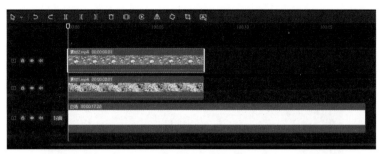

图 3-14　将"素材 2.mp4"拖入时间线面板,入点为 00:00:00:00

2）将时间定位在 00:00:00:00 的位置，在播放器中将"素材 2.mp4"向右移出画面，如图 3-15 所示。

提示：当将"素材2.mp4"向右刚好移出画面时，显示出水平和垂直两条蓝色参考线，表示"素材2.mp4"在水平方向上是居中对齐的，而在垂直方向上左侧边缘正好与画面右侧边缘对齐。

3）将时间定位在 00:00:08:00 的位置，在播放器中将"素材 2.mp4"向左移出画面，如图 3-16 所示。

 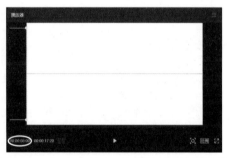

图 3-15　在 00:00:00:00 的位置,在播放器中将"素材 2.mp4"向右移出画面　　图 3-16　在 00:00:08:00 的位置,在播放器中将"素材 2.mp4"向左移出画面

4）按键盘上的空格键预览，就可以看到"素材 2.mp4"在 00:00:00:00 ～ 00:00:08:00 从画面右侧进入再从画面左侧移出的效果了，如图 3-17 所示。

图 3-17　"素材 2.mp4"在 00:00:00:00 ～ 00:00:08:00 从画面右侧进入再从画面左侧移出的效果

3. 制作"素材3.mp4"和"素材4.mp4"从画面右侧进入再从画面左侧移出的效果

1）在时间线面板中选择"素材 2.mp4"，然后按快捷键〈Ctrl+C〉复制，接着分别将时间定位在 00:00:04:00、00:00:08:00 和 00:00:12:00 的位置，按快捷键〈Ctrl+V〉粘贴，此时时间线显示如图 3-18 所示。

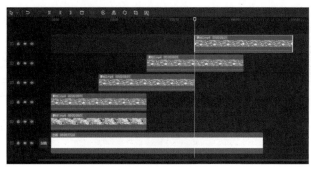

图 3-18　时间线显示 1

2）替换素材。方法：将素材面板中的"素材 3.mp4"素材拖入时间线面板 00:00:04:00 ～ 00:00:12:00 之间的"素材 2.mp4"上，然后从弹出的图 3-19 所示的"替换"对话框中单击 替换片段 按钮。同理，用素材面板中的"素材 4.mp4"素材替换时间线 00:00:08:00 ～ 00:00:16:00 之间的"素材 2.mp4"，此时时间线显示如图 3-20 所示。

图 3-19　"替换"对话框

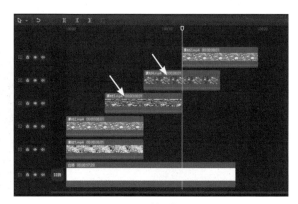

图 3-20　时间线显示 2

3）按键盘上的空格键进行预览，就可以看到"素材 3.mp4"和"素材 4.mp4"从画面右侧进入再从画面左侧移出的效果，如图 3-21 所示。

图 3-21　替换素材后的预览效果

4. 制作"素材5.mp4"从画面右侧移动到画面中央的效果

1）用素材面板中的"素材 5.mp4"素材替换时间线 00:00:12:00 ～ 00:00:20:00 之间的"素材 2.mp4"，此时时间线显示如图 3-22 所示。

2）将时间定位在 00:00:20:00 的位置，然后在时间线中选择"素材 5.mp4"，接着在"画面"选项卡的"基础"子选项卡中单击 ◆ 按钮，删除 00:00:20:00 位置的关键帧，效果如图 3-23 所示。

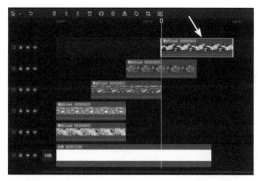

图 3-22　时间线显示 3　　　　　　图 3-23　删除 00:00:20:00 位置的关键帧

3）此时"素材 5.mp4"时长过长,下面将"素材 5.mp4"的出点设置为与白场等长。方法:将时间定位在 00:00:17:20 的位置,然后单击时间线上方工具栏中的 ▯▮（分割）按钮,从而将"素材 5.mp4"一分为二,如图 3-24 所示,接着按〈Delete〉键,删除 00:00:17:20 后的"素材 5.mp4"素材,此时时间线显示如图 3-25 所示。

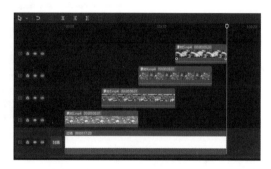

图 3-24　在 00:00:17:20 的位置,将　　　　图 3-25　删除 00:00:17:20 后的
　　　　"素材 5.mp4"一分为二　　　　　　　　　　"素材 5.mp4"素材

4）按键盘上的空格键进行预览,就可以看到"素材 5.mp4"从画面右侧移动到画面中央的效果了,如图 3-26 所示。

图 3-26　"素材 5.mp4"从画面右侧移动到画面中央的效果

5. 制作飞动的蝴蝶效果

1）将时间定位在 00:00:00:00 的位置,然后在素材面板中单击"贴纸→贴纸素材",再在右侧搜索栏中输入"蝴蝶",接着在下方选择一个蝴蝶贴纸,再单击下方的 ⊕（添加到轨道）按钮,如图 3-27 所示,将其添加到时间线。最后将其出点设置为 00:00:17:20（与白场素材等长）,如图 3-28 所示,此时播放器显示效果如图 3-29 所示。

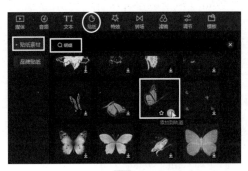

图 3-27　单击下方的 ⊕（添加到轨道）按钮

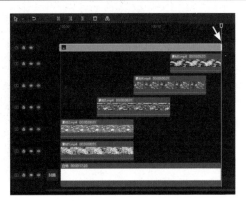

图 3-28　将蝴蝶贴纸出点设置为 00:00:17:20

图 3-29　播放器显示效果

2）制作蝴蝶的缩放和移动动画。方法：将时间定位在 00:00:00:00 的位置，然后在播放器中将蝴蝶适当缩小，并移动到画面左下方（为了便于大家操作，此时在功能面板"贴纸"选项卡中将"缩放"设置为 40%，"位置"设置为（-1400，-500）），接着在功能面板"贴纸"选项卡中记录一个"缩放"和"位置"关键帧，如图 3-30 所示。

图 3-30　在 00:00:00:00 的位置，将蝴蝶适当缩小移动到画面左下方，并记录"缩放"和"位置"关键帧

3）将时间定位在 00:00:16:00 的位置，然后将蝴蝶适当放大，并移动到花朵的中心位置（为了便于大家操作，此时在功能面板"贴纸"选项卡中将"缩放"设置为 60%，"位置"设置为（190，0）），如图 3-31 所示。

图 3-31　在 00:00:16:00 的位置，将蝴蝶适当放大移动到花朵中心位置

4）按键盘上的空格键进行预览，就可以看到蝴蝶的飞动效果了，如图 3-32 所示。

图 3-32　蝴蝶的飞动效果

6. 添加背景音乐

1）将时间定位在 00:00:00:00 的位置，然后在素材面板中单击"音频→音乐素材"，再在右侧搜索栏中输入"清晨的风景"，接着单击"清晨的风景（纯音乐）"下方的 ⊕（添加到轨道）按钮，如图 3-33 所示，将其添加到时间线，如图 3-34 所示。

　　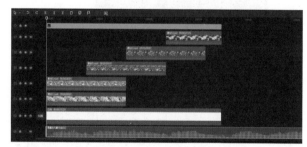

图 3-33　单击"清晨的风景（纯音乐）"　　图 3-34　将"清晨的风景（纯音乐）"添加到时间线
下方的 ⊕ 按钮

2）去除多余的音乐。方法：将时间定位在 00:00:17:20 的位置，然后在时间线上方工具栏中单击 ▐▌（分割）按钮，将音乐素材一分为二。接着选择 00:00:17:20 后面的音乐素材，按〈Delete〉键删除，此时时间线显示如图 3-35 所示。

3）制作音乐的淡出效果。方法：在时间线中选择"清晨的风景（纯音乐）"音乐，然后在功能面板"音频"选项卡的"基本"子选项卡中将"淡出时长"设置为 2s，如图 3-36 所示。接着按键盘上的空格键进行预览，即可听到音乐结尾位置的十分自然的淡出效果了。

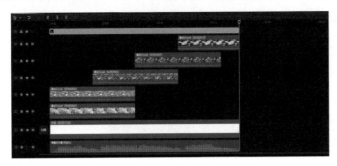

图 3-35　时间线显示　　　　　　　　图 3-36　将"淡出时长"设置为 2s

7. 输出视频

1）在文件名称设置区中将文件名重命名为"滚动滑屏效果"，然后单击右上方的 <kbd>↑ 导出</kbd> 按钮，如图 3-37 所示。再在弹出的"导出"对话框中单击"导出至"后面的 <kbd>▢</kbd> 按钮，如图 3-38 所示，接着从弹出的"请选择导出路径"对话框中选择输出视频所在的文件夹，再单击 <kbd>选择文件夹</kbd> 按钮，如图 3-39 所示，回到"导出"对话框。最后单击 <kbd>导出</kbd> 按钮进行导出。

图 3-37　设置文件名称后单击 <kbd>↑ 导出</kbd> 按钮

图 3-38　单击"导出至"后面的 <kbd>▢</kbd> 按钮　　　图 3-39　单击 <kbd>选择文件夹</kbd> 按钮

2）当视频导出完成后，会显示图 3-40 所示的对话框，此时如果要将导出的视频发布到用户的"抖音"或"西瓜视频"账号上，单击 <kbd>发布</kbd> 按钮即可。如果不需要发布到网上，单击 <kbd>关闭</kbd> 按钮即可。

图 3-40　视频导出完成后的对话框

3）至此,"滚动滑屏效果 .mp4"视频导出完毕。

3.2 制作智能镜头分割效果

 要点:

3.2 制作智能
镜头分割效果

本例将制作一个智能镜头分割效果,如图 3-41 所示。通过本例的学习,读者应掌握"智能镜头分割"命令、设置音乐的淡出效果和输出视频的应用。

图 3-41 智能镜头分割效果

 操作步骤:

1）启动剪映专业版,然后单击"开始创作"按钮,新建一个草稿文件。

2）导入素材。方法:在素材面板中单击"导入"按钮,如图 3-42 所示,然后在弹出的"请选择媒体资源"对话框中选择网盘中的"源文件 \3.2 制作智能镜头分割效果 \ 素材 1.mp4、素材 2.mp4、背景音乐 .mp3",如图 3-43 所示,单击 打开(O) 按钮,此时素材面板显示如图 3-44 所示。

图 3-42 单击"导入"按钮

图 3-43 选择要导入的素材

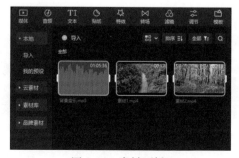

图 3-44 素材面板 1

3）在素材面板中分别单击"素材 1.mp4"和"素材 2.mp4"进行预览，此时在播放器中可以看到它们分别由 3 个带有背景音乐的不同镜头组成。下面就来将这些镜头分别提取出来。方法：在素材面板中右键单击"素材 1.mp4"，然后从弹出的快捷菜单中选择"智能镜头分割"命令，此时软件会开始计算，如图 3-45 所示，当软件计算完成后，素材面板中会显示出 3 个分割后的素材，如图 3-46 所示。接着单击"全部"按钮，显示出全部素材，此时可以看到"智能镜头分割"后的 3 个素材会被放置在一个名称为"素材 1.mp4 分割素材"的文件夹中，如图 3-47 所示。

图 3-45　片段分割中的界面　图 3-46　素材面板中会显示出 3 个分割后的素材　图 3-47　3 个分割后的素材被放置在"素材 1.mp4 分割素材"文件夹中

4）同理，将"素材 2.mp4"中的 3 个镜头也分割出来，此时素材面板显示如图 3-48 所示。

5）在素材面板中同时选择"素材 1.mp4 分割素材"和"素材 2.mp4 分割素材"两个文件夹，然后将它们拖入时间线，此时两个文件夹中的 6 个分割后的素材会依次进行排列，如图 3-49 所示。

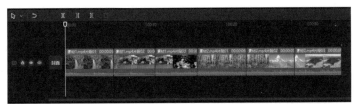

图 3-48　素材面板 2　　　图 3-49　将"素材 1.mp4 分割素材"和"素材 2.mp4 分割素材"两个文件夹拖入时间线

6）单击 🔊 按钮，切换为 🔇 状态，从而取消视频中的原有声音，如图 3-50 所示。

7）通过拖动的方式在时间线面板中调整 6 个素材的位置关系，如图 3-51 所示。

图 3-50　切换为 🔇 状态　　　图 3-51　在时间线面板中调整 6 个素材的位置关系

8）添加背景音乐。方法：将素材面板中的"背景音乐.mp3"拖入时间线，入点为 00:00:00:00，如图 3-52 所示。

图 3-52　将素材面板中的"背景音乐.mp3"拖入时间线，入点为 00:00:00:00

9）去除多余的音乐。方法：将时间定位在 00:00:34:05 的位置（也就是视频结束位置），然后在时间线上方工具栏中单击 ▐▌（分割）按钮，将音乐素材一分为二，如图 3-53 所示。接着选择 00:00:34:05 后面的音乐素材，按〈Delete〉键删除，此时时间线显示如图 3-54 所示。

图 3-53　将音乐素材一分为二

图 3-54　将 00:00:34:05 后面的音乐素材删除

10）制作音乐的淡出效果。方法：在时间线中选择"背景音乐"，然后在功能面板"音频"选项卡的"基本"子选项卡中将"淡出时长"设置为 2s，如图 3-55 所示，此时时间线显示如图 3-56 所示，接着按键盘上的空格键进行预览，即可听到音乐结尾位置的十分自然的淡出效果了。

图 3-55　将"淡出时长"设置为 2s

图 3-56　时间线显示

11）在文件名称设置区中将文件名重命名为"智能镜头分割效果"，然后单击右上方的按钮，如图 3-57 所示。再在弹出的"导出"对话框中单击"导出至"后面的按钮，如图 3-58 所示，接着从弹出的"请选择导出路径"对话框中选择输出视频所在的文件夹，再单击 选择文件夹 按钮，如图 3-59 所示，回到"导出"对话框。最后单击 导出 按钮进行导出。

图 3-57　设置文件名称后单击 导出 按钮

图 3-58　单击"导出至"后面的 按钮

图 3-59　单击 选择文件夹 按钮

12）当视频导出完成后，会显示图 3-60 所示的对话框，此时如果要将导出的视频发布到用户的"抖音"或"西瓜视频"账号上，单击 发布 按钮即可。如果不需要发布到网上，单击 关闭 按钮即可。

图 3-60　视频导出完成后的对话框

13）至此，"智能镜头分割效果 .mp4"视频导出完毕。

3.3　制作三种丝滑的转场效果

要点：

　　本例将制作三种丝滑的转场效果，如图 3-61 所示。通过本例的学习，读者应掌握关键帧动画、"模糊"特效、蒙版和设置音乐的淡出效果的应用。

3.3　制作三种丝滑的转场效果

图 3-61　三种丝滑的转场效果

 操作步骤：

1. 制作放大转场效果

1）启动剪映专业版，然后单击"开始创作"按钮，新建一个草稿文件。

2）导入素材。方法：在素材面板中单击"导入"按钮，导入网盘中的"源文件\3.3　制作三种丝滑的转场效果\素材 1.mp4～素材 4.mp4"，此时素材面板显示如图 3-62 所示。

3）将素材面板中的"素材 1.mp4"和"素材 2.mp4"依次拖入时间线主轨道，如图 3-63 所示。

图 3-62　导入素材

图 3-63　将"素材 1.mp4"和"素材 2.mp4"
依次拖入时间线主轨道

4）制作"素材 1.mp4"画面逐渐推进产生放大效果的动画。方法：将时间定位在 00:00:05:00 的位置，然后在时间线中选择"素材 1.mp4"，再在"画面"选项卡的"基础"子选项卡中单击"缩放"后面的◇（添加关键帧）按钮，切换为◆状态，从而添加一个关键帧，如图 3-64 所示，此时画面效果如图 3-65 所示。接着将时间定位在 00:00:05:29 的位置，将"缩

图 3-64　在 00:00:05:00 的位置
添加"缩放"关键帧

图 3-65　00:00:05:00 的画面效果

放"数值设置为150%，如图3-66所示，此时软件会自动添加一个"缩放"关键帧，这时候画面效果如图3-67所示。

图3-66　在00:00:05:29的位置将"缩放"
数值设置为150%

图3-67　00:00:05:29的画面效果

5）制作"素材2.mp4"画面逐渐拉远产生缩小效果的动画。将时间定位在00:00:07:00的位置，然后在时间线中选择"素材2.mp4"，再在"画面"选项卡的"基础"子选项卡中添加一个"缩放"关键帧，如图3-68所示，此时画面效果如图3-69所示。接着将时间定位在00:00:06:00的位置（也就是"素材2.mp4"的第1帧），将"缩放"数值设置为150%，如图3-70所示，此时软件会自动添加一个"缩放"关键帧，这时候画面效果如图3-71所示。

提示：按键盘上的〈↑〉和〈↓〉键，可以快速切换到每段素材的起始和结束位置。

图3-68　在00:00:07:00的位置添加
"缩放"关键帧

图3-69　00:00:07:00的画面效果

图3-70　在00:00:06:00的位置将"缩放"
数值设置为150%

图3-71　00:00:06:00的画面效果

6）按空格键预览，就可以看到"素材1.mp4"在00:00:05:00～00:00:05:29之间画面逐渐放大，然后切换到"素材2.mp4"后，"素材2.mp4"在00:00:06:00～00:00:07:00之间画面逐渐缩小的效果了，如图3-72所示。

图 3-72　预览效果 1

7）制作"素材 1.mp4"和"素材 2.mp4"之间的模糊效果。方法：将时间定位在 00:00:05:00 的位置，然后在素材面板中单击"特效→画面特效→基础"，再在右侧单击"模糊"右下方的 ⊕ 按钮，如图 3-73 所示，从而将其添加到时间线，接着通过拖动的方式将"模糊"特效的出点设置为 00:00:07:00，如图 3-74 所示，此时按空格键预览，就可以看到"素材 1.mp4"和"素材 2.mp4"之间的模糊效果了，如图 3-75 所示。

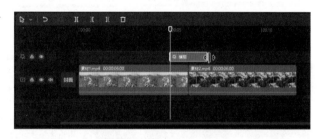

图 3-73　单击"模糊"右下方的 ⊕ 按钮　　　图 3-74　将"模糊"特效的出点设置为 00:00:07:00

  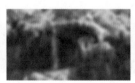 

图 3-75　预览效果 2

8）至此，放大转场效果制作完毕。

2. 制作旋转转场效果

1）将素材面板中的"素材 3.mp4"素材拖入时间线主轨道，如图 3-76 所示。然后将时间定位在 00:00:10:15 的位置，在时间线中选择"素材 2.mp4"，再在"画面"选项卡的"基础"子选项卡中添加一个"位置大小"关键帧，如图 3-77 所示。接着将时间定位在 00:00:11:29 的位置，将"旋转"数值设置为 -30°，"缩放"数值设置为 190%，此时软件会自动添加关键帧，如图 3-78 所示，这时候时间线"素材 2.mp4"上一共有 4 个关键帧，如图 3-79 所示。最后按空格键预览，就可以看到"素材 2.mp4"在 00:00:10:15 ～ 00:00:11:29 逐渐旋转放大的效果了，如图 3-80 所示。

图 3-76 将"素材 3.mp4"素材拖入时间线主轨道

图 3-77 在 00:00:10:15 的位置添加
"素材 2.mp4"的"位置大小"关键帧

图 3-78 在 00:00:11:29 的位置设置
"缩放"和"旋转"参数

图 3-79 "素材 2.mp4"上一共有 4 个关键帧

图 3-80 "素材 2.mp4"在 00:00:10:15 ～ 00:00:11:29 逐渐旋转放大的效果

2）制作"素材 3.mp4"画面逐渐旋转拉远产生缩小效果的动画。将时间定位在
00:00:13:15 的位置，然后在时间线中选择"素材 3.mp4"，再在"画面"选项卡的"基础"
子选项卡中添加一个"位置大小"关键帧，如图 3-81 所示，接着将时间定位在 00:00:12:00
的位置（也就是"素材 3.mp4"的第 1 帧），将"旋转"数值设置为 -30°，"缩放"数值设
置为 190%，此时软件会自动添加关键帧，如图 3-82 所示。

图 3-81 在 00:00:13:15 的位置添加
"素材 3.mp4"的"位置大小"关键帧

图 3-82 在 00:00:12:00 的位置设置
"缩放"和"旋转"参数

3）按空格键预览，就可以看到"素材 2.mp4"在 00:00:10:15 ～ 00:00:11:29 画面逐渐旋
转放大，然后切换到"素材 3.mp4"后，"素材 3.mp4"在 00:00:12:00 ～ 00:00:13:15 画面逐
渐旋转缩小的效果了，如图 3-83 所示。

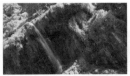

图 3-83　预览效果 3

4）制作"素材 2.mp4"和"素材 3.mp4"之间的模糊效果。方法：在时间线中选择"模糊"特效，按快捷键〈Ctrl+C〉复制，然后将时间定位在 00:00:11:00 的位置，按快捷键〈Ctrl+V〉粘贴，此时时间线显示如图 3-84 所示。接着按空格键预览，就可以看到"素材 2.mp4"和"素材 3.mp4"之间的模糊效果了，如图 3-85 所示。

图 3-84　时间线显示 1

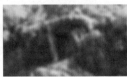

图 3-85　预览效果 4

5）至此，旋转转场效果制作完毕。

3. 制作线性转场效果

1）将时间定位在 00:00:16:00 的位置，然后将素材面板中的"素材 4.mp4"素材拖入时间线，入点为 00:00:16:00，此时时间线显示如图 3-86 所示。

图 3-86　时间线显示 2

2）在时间线中选择"素材 4.mp4"，然后进入"画面"选项卡的"蒙版"子选项卡，接着选择■（线性）蒙版，并将"旋转"设置为 -50°，"羽化"设置为 50，如图 3-87 所示，此时播放器显示如图 3-88 所示。

图 3-87　设置蒙版参数　　　　　　　　图 3-88　播放器显示效果

3）设置线性蒙版动画。方法：将时间定位在 00:00:16:00 的位置，然后将线性蒙版移动到画面左上方，如图 3-89 所示，并添加一个"位置"关键帧，如图 3-90 所示。接着将时间定位在 00:00:17:29 的位置，将线性蒙版移动到画面右下方，如图 3-91 所示，此时软件会自动添加一个"位置"关键帧。最后按空格键预览，就可以看到在 00:00:16:00 ～ 00:00:17:29"素材 3.mp4"从画面左上方开始逐渐过渡到"素材 4.mp4"的效果了，如图 3-92 所示。

图 3-89　在 00:00:16:00 的位置将线性蒙版
移动到画面左上方

图 3-91　在 00:00:17:29 的位置将线性蒙版
移动到画面右下方

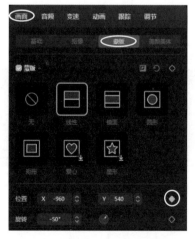

图 3-90　在 00:00:16:00 的位置添加
一个"位置"关键帧

图 3-92　预览效果 5

4）至此，线性转场效果制作完毕。

4. 添加背景音乐和输出视频

1）将时间定位在 00:00:00:00 的位置，然后在素材面板中单击"音频→音乐素材"，再在右侧搜索栏中输入"春夏秋冬（纯音乐）"，接着单击"春夏秋冬（纯音乐）"下方的 （添加到轨道）按钮，如图 3-93 所示，将其添加到时间线，如图 3-94 所示。

图 3-93 单击"春夏秋冬（纯音乐）" 下方的 ⊕（添加到轨道）按钮　　图 3-94 将"春夏秋冬（纯音乐）"添加到时间线

2）去除多余的音乐。方法：将时间定位在 00:00:22:00 的位置，然后在时间线上方工具栏中单击 ▌▌（分割）按钮，将音乐素材一分为二。接着选择 00:00:22:00 后面的音乐素材，按〈Delete〉键删除，此时时间线显示如图 3-95 所示。

3）制作音乐的淡出效果。方法：在时间线中选择"春夏秋冬（纯音乐）"音乐，然后在功能面板"音频"选项卡的"基本"子选项卡中将"淡出时长"设置为 2s，如图 3-96 所示。接着按键盘上的空格键进行预览，即可听到音乐结尾位置的十分自然的淡出效果了。

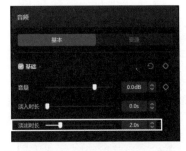

图 3-95 删除多余音乐后的时间线面板　　图 3-96 将"淡出时长"设置为 2s

4）输出视频。方法：在文件名称设置区中将文件名重命名为"制作三种丝滑的转场效果"，然后单击右上方的 ⬆导出 按钮，如图 3-97 所示，接着在弹出的"导出"对话框中单击 导出 按钮进行导出。

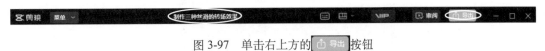

图 3-97 单击右上方的 ⬆导出 按钮

5）至此，"制作三种丝滑的转场效果 .mp4"视频导出完毕。

3.4 制作横屏变竖屏鲜花展示效果

要点:

　　本例将制作一个横屏变竖屏鲜花展示效果,如图3-98所示。通过本例的学习,读者应掌握调整画面尺寸、背景填充、组合动画、入场动画、设置音乐的淡出效果的应用。

图 3-98　横屏变竖屏鲜花展示效果

操作步骤:

　　1)启动剪映专业版,然后单击"开始创作"按钮,新建一个草稿文件。

　　2)导入素材。方法:在素材面板中单击"导入"按钮,导入网盘中的"源文件\3.4 制作横屏变竖屏鲜花展示效果\鲜花1.mp4~鲜花5.mp4、背景音乐.mp3",此时素材面板显示如图3-99所示。

　　3)在素材面板中同时选择"鲜花1.mp4~鲜花5.mp4",然后将它们拖入时间线主轨道,此时它们会依次排列,如图3-100所示,这时候播放器显示如图3-101所示。

图 3-99　素材面板

图 3-100　将"鲜花1.mp4~鲜花5.mp4"拖入时间线主轨道

图 3-101　播放器显示效果

4）将横屏画面转换为抖音中使用的竖屏画面。方法：在播放器面板下方单击 比例 按钮，从弹出的下拉菜单中选择"9∶16（抖音）"，如图 3-102 所示，此时横屏画面就转换为抖音中使用的竖屏画面了，如图 3-103 所示。

5）此时竖屏画面背景是黑色的，下面给背景重新添加一个模糊效果。方法：在时间线中选择"鲜花 1.mp4"，然后在"画面"选项卡的"基础"子选项卡中将"背景填充"的类型设置为"模糊"，接着单击第 3 个模糊效果，如图 3-104 所示，此时黑色背景就被替换为"鲜花 1.mp4"放大模糊后的效果了，效果如图 3-105 所示。

图 3-102　选择　　　图 3-103　竖屏画面　　　图 3-104　单击第 3 个　　图 3-105　模糊背景效果
"9∶16（抖音）"　　　　　　　　　　　　　　　模糊效果

6）此时只有"鲜花 1.mp4"被添加了模糊背景，而"鲜花 2.mp4～鲜花 5.mp4"依然是黑色背景，下面在"画面"选项卡的"基础"子选项卡中单击"背景填充"右侧的 全部应用 按钮，此时时间线中"鲜花 1.mp4～鲜花 5.mp4"就都被填充上模糊背景了。

7）在时间线中单击主轨道前面的 🔊 按钮，切换为 🔇 状态，从而取消视频中的原有声音，如图 3-106 所示。

图 3-106　关闭原声

8）给"鲜花 1.mp4"添加组合动画。方法：在时间线中将时间定位在"鲜花 1.mp4"素材的位置，然后选择"鲜花 1.mp4"，接着在"动画"选项卡的"组合"子选项卡中单击"旋出渐隐"，如图 3-107 所示，此时播放器中就会显示出给"鲜花 1.mp4"添加了"旋出渐隐"组合动画的效果，如图 3-108 所示。

9）同理，给"鲜花 2.mp4"添加"叠叠乐"组合动画，如图 3-109 所示；给"鲜花 3.mp4"添加"绕圈圈 IV"组合动画，如图 3-110 所示；给"鲜花 4.mp4"添加"旋出渐隐"组合动画，如图 3-111 所示。

图 3-107　单击"旋出渐隐"

图 3-108　给"鲜花 1.mp4"添加了"旋出渐隐"组合动画的效果

 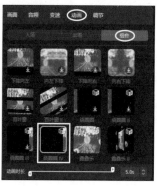 

图 3-109　给"鲜花 2.mp4"
添加"叠叠乐"组合动画

图 3-110　给"鲜花 3.mp4"
添加"绕圈圈 IV"组合动画

图 3-111　给"鲜花 4.mp4"
添加"旋出渐隐"组合动画

10）给"鲜花 5.mp4"添加入场动画。方法：在时间线中将时间定位在"鲜花 5.mp4"素材的位置，然后选择"鲜花 5.mp4"，接着在"动画"选项卡的"入场"子选项卡单击"旋转"，并将"动画时长"设置为 1s，如图 3-112 所示，此时播放器中就会显示出给"鲜花 5.mp4"添加了"旋转"入场动画的效果，如图 3-113 所示。

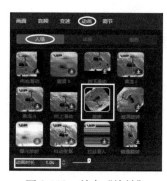

图 3-112　单击"旋转"

图 3-113　给"鲜花 5.mp4"添加了"旋转"入场动画的效果

11）添加背景音乐。将素材面板中的"背景音乐 .mp3"拖入时间线，入点为 00:00:00:00，如图 3-114 所示。

图 3-114　将"背景音乐 .mp3"拖入时间线，入点为 00:00:00:00

12）去除多余的音乐。方法：将时间定位在 00:00:25:00 的位置（也就是视频结束的位置），然后在时间线上方工具栏中单击 ▮▮（分割）按钮，将音乐素材一分为二。接着选择 00:00:25:00 后面的音乐素材，按〈Delete〉键删除，此时时间线显示如图 3-115 所示。

13）制作音乐的淡出效果。方法：在时间线中选择"背景音乐 .mp3"音乐，然后在功能面板"音频"选项卡的"基本"子选项卡中将"淡出时长"设置为 1s，如图 3-116 所示。接着按键盘上的空格键进行预览，即可听到音乐结尾位置的十分自然的淡出效果了。

图 3-115　去除多余的音频后的时间线显示　　　图 3-116　将"淡出时长"设置为 1s

14）输出视频。方法：在文件名称设置区中将文件名重命名为"横屏变竖屏鲜花展示效果"，然后单击右上方的 ⬆导出 按钮，如图 3-117 所示，接着在弹出的"导出"对话框中单击 导出 按钮进行导出。

图 3-117　单击右上方的 ⬆导出 按钮

15）至此，"横屏变竖屏鲜花展示效果 .mp4"视频导出完毕。

3.5　制作画面轮播效果

 要点：

本例将制作一个唯美的画面轮播效果，如图 3-118 所示。通过本例的学习，读者应掌握关键帧动画、"动感荧光"特效和设置音乐的淡出效果的应用。

3.5　制作画面轮播效果

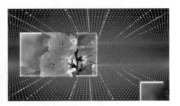

图 3-118　画面轮播效果

 操作步骤：

1. 制作动态背景

1）启动剪映专业版，然后单击"开始创作"按钮，新建一个草稿文件。

2）添加动态背景。方法：在素材面板中单击"媒体→素材库"，然后在右侧搜索栏中输入"背景"，接着在下方选择一个背景视频，如图 3-119 所示，再将其拖入时间线主轨道，如图 3-120 所示。

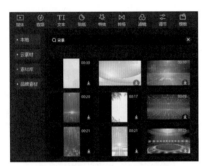

图 3-119　选择一个背景视频

图 3-120　将选择的背景视频拖入时间线主轨道

3）将背景视频的时长设置为24s。方法：在时间线中选择"背景视频"，然后在功能面板"变速"选项卡的"常规变速"子选项卡中将"时长"设置为24s，如图 3-121 所示。

> 提示：将视频素材的时长设置为24s有两种方法，一种是直接在素材的结尾位置拖动鼠标，当播放器面板下方的时间显示为00:00:24:00，松开鼠标，即可将素材的时长设置为24s；另一种方法是选择时间线中的素材，然后在功能面板"变速"选项卡的"常规变速"子选项卡中将"时长"设置为24s。

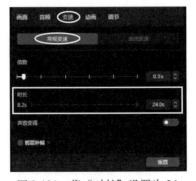

图 3-121　将"时长"设置为24s

2. 制作"素材1"的移动动画

1）导入素材。方法：在素材面板单击"媒体→本地"，然后在右侧单击"导入"按钮，如图 3-122 所示，导入网盘中的"源文件 \3.5　制作画面轮播效果 \ 素材 1.mp4 ～素材 4.mp4"，此时素材面板显示如图 3-123 所示。

图 3-122　单击"导入"按钮

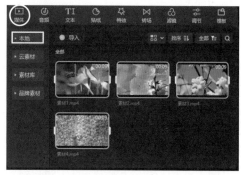

图 3-123　导入"素材 1.mp4 ～素材 4.mp4"

2）将素材面板中的"素材 1.mp4"拖入时间线主轨道上方轨道，入点为 00:00:00:00，如图 3-124 所示。然后将其适当缩小（为了便于操作，此时在功能面板"画面"选项卡的"基础"子选项卡中将其"缩放"数值设置为 35%，如图 3-125 所示），效果如图 3-126 所示。

图 3-124　将"素材 1.mp4"拖入时间线主轨道上方轨道，入点为 00:00:00:00

图 3-125　将"缩放"数值设置为 35%

图 3-126　将"缩放"数值设置为 35% 的效果

3）设置"素材 1.mp4"从画面左下方进入画面，然后在水平方向上移动一段距离并放大后，再从画面右下方移出画面的效果。方法：将时间定位在 00:00:00:00 的位置，将"素材 1.mp4"向左下方进入画面，如图 3-127 所示，接着在"画面"选项卡的"基础"子选项卡中添加一个"位置大小"关键帧，如图 3-128 所示。最后将时间定位在 00:00:08:00 的位置，将"素材 1.mp4"水平向右移到画面外，如图 3-129 所示，此时软件会在 00:00:08:00 的位置自动添加一个关键帧。

图 3-127　在 00:00:00:00 的位置,将"素材 1.mp4"向左下方进入画面,并添加"位置大小"关键帧

图 3-128　添加一个"位置大小"关键帧

4）将时间定位在 00:00:02:00 的位置，将"素材 1.mp4"往上移动，然后在"画面"选项卡的"基础"子选项卡中将"缩放"数值设置为 45%，再将其向上移动到画面左侧，当画面左侧显示出一条水平参考线和一条垂直参考线时，如图 3-130 所示，表示"素材 1.mp4"在垂直方向上左侧边缘正好与画面左侧边缘对齐，在水平方向上是居中对齐的。接着将时间定位在 00:00:06:00 的位置，将"缩放"数值设置为 60%，再将其移动到画面右侧，当画面右侧显示出一条水平参考线和一条垂直参考线时，如图 3-131 所示，表示"素材 1.mp4"在垂直方向上右侧边缘正好与画面右侧边缘对齐，在水平方向上是居中对齐的。

图 3-129　在 00:00:08:00 的位置，将"素材 1.mp4"水平向右移到画面外

图 3-130　在 00:00:02:00 的位置，将"素材 1.mp4"移到画面左侧中央位置

图 3-131　在 00:00:06:00 的位置，将"素材 1.mp4"移到画面右侧中央位置

5）按空格键预览，就可以看到"素材 1.mp4"从画面左下方进入画面，然后在水平方向上移动一段距离并放大后，再从画面右下方移出画面的效果，如图 3-132 所示。

图 3-132　预览效果 1

6）给"素材 1.mp4"添加"动感荧光"边框特效。方法：在素材面板中单击"特效→画面特效→边框"，再在右侧选择"动感荧光"，如图 3-133 所示，接着将其拖到时间线的"素材 1.mp4"上，如图 3-134 所示，效果如图 3-135 所示。

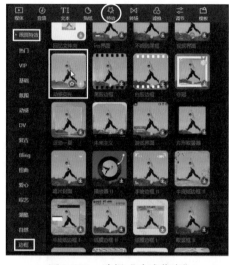

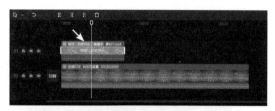

图 3-134　将"动感荧光"拖到"素材 1.mp4"上

图 3-133　选择"动感荧光"

图 3-135　给"素材 1.mp4"添加"动感荧光"特效的效果

3. 制作其余素材的画面轮播效果

1）在时间线中选择"素材 1.mp4"，按快捷键〈Ctrl+C〉进行复制，然后分别将时间定位在 00:00:05:00、00:00:10:00 和 00:00:15:00 的位置，按快捷键〈Ctrl+V〉进行粘贴，此时时间线显示如图 3-136 所示。

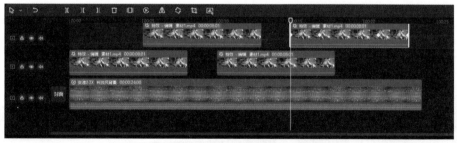

图 3-136　时间线显示 1

2）将素材面板中的"素材 2.mp4"拖到时间线的第 2 段"素材 1.mp4"素材上，然后在弹出的图 3-137 所示的"替换"对话框中单击"替换片段"按钮，此时时间线的第 2 段"素材 1.mp4"就被替换为"素材 2.mp4"了，如图 3-138 所示。

图 3-137 "替换"对话框

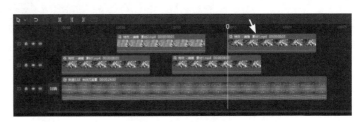

图 3-138 时间线显示 2

3）同理，分别用素材面板中的"素材 3.mp4"和"素材 4.mp4"替换时间线的第 3 段和第 4 段"素材 1.mp4"，此时时间线显示如图 3-139 所示。

图 3-139 时间线显示 3

4）按空格键进行预览，效果如图 3-140 所示。

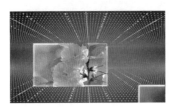

图 3-140 预览效果 2

4. 添加背景音乐和输出视频

1）将时间定位在 00:00:00:00 的位置，然后在素材面板中单击"音频→音乐素材"，再在右侧搜索栏中输入"盛开的花"，接着单击"盛开的花"下方的 （添加到轨道）按钮，如图 3-141 所示，将其添加到时间线，如图 3-142 所示。

图 3-141 单击"盛开的花"下方的 （添加到轨道）按钮

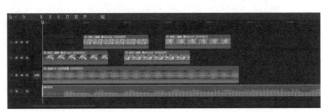

图 3-142 将"盛开的花"音乐添加到时间线

2）去除多余的音乐。方法：利用拖动的方法去除音乐开始位置的静音，然后将整个音乐往前移动，入点为 00:00:00:00，接着将时间定位在 00:00:24:00 的位置（也就是背景视频结束的位置），在时间线上方工具栏中单击 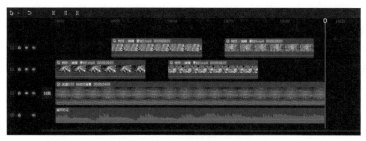（分割）按钮，将音乐素材一分为二，再按〈Delete〉键删除 00:00:24:00 之后的音乐，此时时间线显示如图 3-143 所示。

图 3-143　时间线显示 4

3）制作音乐的淡出效果。方法：在时间线中选择"盛开的花"音乐，然后在功能面板"音频"选项卡的"基本"子选项卡中将"淡出时长"设置为 3s，如图 3-144 所示，此时时间线显示如图 3-145 所示。接着按键盘上的空格键进行预览，即可听到音乐结尾位置的十分自然的淡出效果了。

图 3-144　将"淡出时长"设置为 3s

图 3-145　时间线显示 5

4）输出视频。方法：在文件名称设置区中将文件名重命名为"画面轮播效果"，然后单击右上方的 导出 按钮，如图 3-146 所示，接着在弹出的"导出"对话框中单击 导出 按钮进行导出。

图 3-146　将文件名重命名为"画面轮播效果"，单击 导出 按钮

5）至此，"画面轮播效果 .mp4"视频导出完毕。

3.6　课后练习

利用剪映自带素材制作一个画面轮播效果。

第4章　转场和蒙版的应用

在电视节目及电影制作过程中，转场是连接素材时常用的手法。通过应用转场效果，整部作品的流畅感会得到提升，并使得画面更富有表现力。而利用蒙版则可以控制素材的显示区域和形状，并可以对其设置动画，从而制作出各种特殊效果。通过本章学习，读者应掌握剪映中转场和蒙版的使用方法。

4.1　制作以美食为主题的转场效果

4.1　制作以美食为主题的转场效果

 要点：

本例将制作一个以美食为主题的转场效果，如图4-1所示。通过本例的学习，读者应掌握根据音乐节奏自动踩点、转场、设置素材入场动画、设置音乐的淡出效果和输出视频的应用。

图4-1　以美食为主题的转场效果

 操作步骤：

1. 根据音乐的节奏自动踩点

1）启动剪映专业版，然后单击"开始创作"按钮，新建一个草稿文件。

2）在素材面板单击"音频→音乐素材"，然后在右侧搜索栏中输入"舌尖上的中国"，再在下方单击"舌尖上的中国 重庆火锅"进行预览，如图4-2所示。接着将其拖入时间线，入点为00:00:00:00，出点设置为00:00:32:00，如图4-3所示。

图4-2　单击"舌尖上的中国 重庆火锅"进行预览

图4-3　时间线显示1

3）根据音乐的节奏进行自动踩点。方法：在工具栏中单击  （自动踩点）按钮，从弹出的下拉菜单中选择"踩节拍 I"，如图 4-4 所示，此时软件会自动根据音乐的节奏添加相应的踩点，如图 4-5 所示。

图 4-4　选择"踩节拍 I"

图 4-5　根据音乐的节奏自动添加踩点

4）去除最后一个多余的踩点。方法：将时间定位在最后一个踩点的位置，然后在工具栏中单击 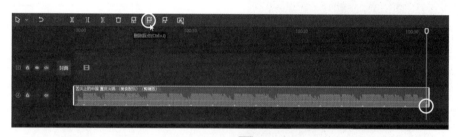（删除踩点）按钮，如图 4-6 所示，即可删除这个踩点，此时时间线显示如图 4-7 所示。

图 4-6　在工具栏中单击 （删除踩点）按钮

图 4-7　时间线显示 2

5）按空格键预览，会发现音乐在结尾位置很突兀，不是很自然，下面通过给音乐添加淡出效果来解决这个问题。方法：选择时间线中的音乐，然后在"音频"选项卡的"基本"子选项卡中将"淡出时长"设置为 2s，如图 4-8 所示，此时时间线显示如图 4-9 所示。接着按空格键预览，就可以听到音乐在结束位置十分自然的淡出效果了。

图 4-8　将"淡出时长"设置为 2s

图 4-9　时间线显示 3

2. 根据踩点放置图片并添加图片间的转场效果

1）导入序列图片。方法：在素材面板中单击"媒体→本地"，然后在右侧单击"导入"按钮，如图 4-10 所示。接着在弹出的"请选择媒体资源"对话框中选择网盘中的"源文件 \4.1　制作以美食为主题的转场效果 \ 图片"，单击 导入文件夹 按钮，如图 4-11 所示，将其导入素材面板，如图 4-12 所示。

2）为了保证将文件夹拖入时间线时文件夹中的图片能够依次排序，下面对文件夹中的图片进行重新排序。方法：在素材面板中双击"图片"文件夹，然后单击 排序 按钮，从弹出的下拉菜单中选择"名称"，如图 4-13 所示，接着再次单击 排序 按钮，从弹出的下拉菜单中选择"A-Z"，如图 4-14 所示，最后单击"全部"按钮，如图 4-15 所示，回到上一级显示文件夹状态。

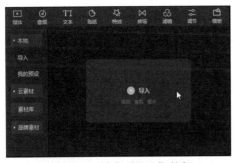

图 4-10　单击"导入"按钮

图 4-11　单击 导入文件夹 按钮

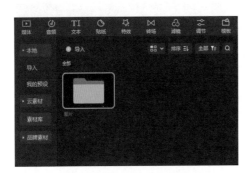

图 4-12　导入后的素材面板

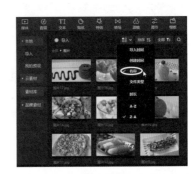

图 4-13　选择"名称"

图 4-14　选择"A-Z"

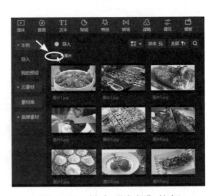

图 4-15　单击"全部"按钮

3）将素材面板中的"图片"文件夹拖入时间线主轨道，此时就可以看到"图片"文件夹中的图片按照图片名称依次排列了，如图 4-16 所示。

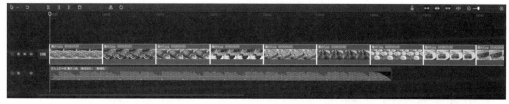

图 4-16　图片按照图片名称依次排列

4）逐个调整每个图片的出点的位置，使之与每个踩点进行对应，此时时间线显示如图 4-17 所示。

图 4-17　逐个调整每个图片的出点的位置，使之与每个踩点进行对应

5）在图片之间添加转场效果。方法：在素材面板中单击"转场→转场效果→运镜"，然后在右侧选择"推近"，如图 4-18 所示，接着将其拖到时间线"图片 1.jpg"和"图片 2.jpg"之间，如图 4-19 所示。

图 4-18　选择"推近"

图 4-19　将"推近"转场拖到时间线"图片 1.jpg"和"图片 2.jpg"之间

6）同理，在其余素材之间添加相应的转场，具体步骤这里就不赘述了，此时时间线显示如图 4-20 所示。

图 4-20　时间线显示 4

7）给"图片 1.jpg"素材添加入场动画。方法：在时间线中选择"图片 1.jpg"素材，然后在"动画"选项卡的"入场"子选项卡中选择"雨刷 II"，并将"动画时长"设置为 0.8s，如图 4-21 所示，此时按空格键预览，就可以看到"图片 1.jpg"素材的"雨刷 II"入场动画效果了，如图 4-22 所示。

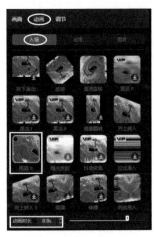

图 4-21　选择"雨刷 II"，并将
"动画时长"设置为 0.8s

图 4-22　"雨刷 II"入场动画效果

8）至此，以美食为主题的转场效果制作完毕。

9）输出视频。方法：在文件名称设置区中将文件名重命名为"以美食为主题的转场效果"，然后单击右上方的 按钮，如图 4-23 所示，接着在弹出的"导出"对话框中单击 按钮进行导出。

图 4-23　将文件名重命名为"以美食为主题的转场效果"，单击 导出 按钮

10）至此，"以美食为主题的转场效果 .mp4"视频导出完毕。

4.2　制作带倒影的视频相册轮转效果

要点：

本例将制作一个带倒影的视频相册轮转效果，如图 4-24 所示。通过本例的学习，读者应掌握特效、转场、剪辑和设置音乐的淡出效果、输出视频的应用。

4.2　制作带倒影的视频相册轮转效果

图 4-24　带倒影的视频相册轮转效果

操作步骤：

1. 制作并输出"相框1.mp4"～"相框4.mp4"

1）启动剪映专业版，然后单击"开始创作"按钮，新建一个草稿文件。

2）导入素材。方法：在素材面板中单击"导入"按钮，导入网盘中的"源文件 \4.2　制作带倒影的视频相册轮转效果 \ 素材 1.mp4 ～ 素材 5.mp4"，此时素材面板显示如图 4-25 所示。

3）将"素材 1.mp4"拖入时间线主轨道，此时播放器显示效果如图 4-26 所示。

图 4-25　导入素材 1　　　　　　　　图 4-26　播放器显示效果

4）给"素材 1.mp4"素材添加边框效果。方法：在素材面板中单击"特效→画面特效→边框"，然后在右侧选择"淡彩边框"，如图 4-27 所示，再将其拖到时间线的"素材 1.mp4"素材上，此时时间线显示如图 4-28 所示，效果如图 4-29 所示。

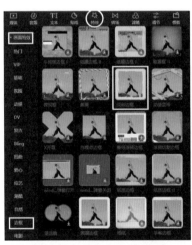

图 4-28　时间线显示 1

图 4-27　选择"淡彩边框"　　　　　　图 4-29　"淡彩边框"效果 1

5）输出视频。方法：在剪映界面单击右上方的 [导出] 按钮，然后在弹出的"导出"对话框中将"标题"设置为"相框 1"，如图 4-30 所示，再单击 [导出] 按钮进行导出。

6）通过"替换"命令制作出"相框 2"视频，并将其导出。方法：在素材面板中单击"媒体→本地"，然后将"素材 2.mp4"拖到时间线的"素材 1.mp4"素材上，再在"弹出"的"替换片段"对话框中单击"替换片段"按钮，如图 4-31 所示，此时时间线显示如图 4-32 所示，效果如图 4-33 所示。最后在剪映界面单击右上方的 [导出] 按钮，再在弹出的"导出"对话框中将"标题"设置为"相框 2"，单击 [导出] 按钮进行导出。

图 4-30 将"标题"设置为"相框 1"

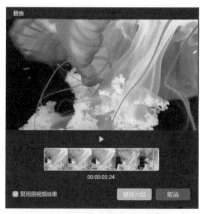

图 4-31 单击"替换片段"按钮

图 4-32 时间线显示 2

图 4-33 "淡彩边框"效果 2

7）同理，分别将"素材 3.mp4""素材 4.mp4"和"素材 5.mp4"拖到时间线的素材上进行"替换"，并将替换后的视频分别导出为"相框 3""相框 4"和"相框 5"，具体步骤这里就不赘述了。

2. 将输出的五个视频合成为一个新的视频

1）执行菜单中的"菜单→文件→新建草稿"命令，新建一个草稿文件。

2）导入素材。方法：在素材面板单击"媒体→本地"，然后在右侧单击"导入"按钮，导入前面输出的网盘中的"源文件 \4.2 制作带倒影的视频相册轮转效果 \ 相框 1.mp4 ～相框 5.mp4"和"海底世界背景音乐"，此时素材面板显示如图 4-34 所示。

3）将"相框 1.mp4"～"相框 5.mp4"依次插入时间线主轨道，此时时间线显示如图 4-35 所示。

图 4-34 导入素材 2

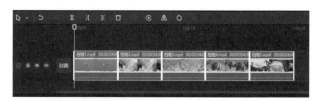

图 4-35 时间线显示 3

4）在"相框 1.mp4"和"相框 2.mp4"之间添加"倒影"转场效果。方法：在素材面板中单击"转场→转场效果→幻灯片"，然后在右侧单击"倒影"右下方的 ⊕（添加到轨道）按钮，如图 4-36 所示，即可在"相框 1.mp4"和"相框 2.mp4"之间添加"倒影"转场效果，此时时间线显示如图 4-37 所示。接着在"转场"选项卡中将"时长"设置为 2s，如图 4-38 所示，效果如图 4-39 所示。

图 4-36 单击"倒影"右下方的 ⊕（添加到轨道）按钮

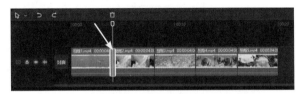

图 4-37 时间线显示 4

图 4-38 将"时长"设置为 2s

图 4-39 "倒影"转场效果

5）按空格键预览，就可以看到"相框 1.mp4"和"相框 2.mp4"之间的"倒影"转场效果了，如图 4-40 所示。

图 4-40 "相框 1.mp4"和"相框 2.mp4"之间的"倒影"转场效果

6）在"相框 2.mp4"～"相框 5.mp4"之间添加同样的"倒影"转场效果。方法：在时间线中选择"倒影"转场效果，然后在"转场"选项卡中单击"应用全部"按钮，如图 4-41 所示，即可在"相框 2.mp4"～"相框 5.mp4"之间添加"倒影"转场效果，此时时间线显示如图 4-42 所示。

图 4-41 单击"应用全部"按钮

图 4-42 时间线显示 5

7）按空格键预览，就可以看到带倒影的视频相册轮转效果了。

3. 添加背景音乐和输出视频

1）将素材面板中的"海底世界背景音乐 .mp3"拖入时间线，入点为 00:00:00:00，如图 4-43 所示。

图 4-43　将"海底世界背景音乐 .mp3"拖入时间线，入点为 00:00:00:00

2）去除多余的音乐。将时间定位在 00:00:20:00 的位置（也就是视频结束的位置），在时间线上方工具栏中单击 ▮ (分割) 按钮，将音乐素材一分为二，再按〈Delete〉键删除 00:00:20:00 之后的音乐素材，此时时间线显示如图 4-44 所示。

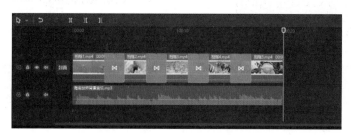

图 4-44　删除 00:00:20:00 之后音乐素材的时间线显示

3）制作音乐的淡入和淡出效果。方法：在时间线中选择"海底世界背景音乐 .mp3"音乐素材，然后在功能面板"音频"选项卡的"基本"子选项卡中将"淡入时长"和"淡出时长"均设置为 2s，如图 4-45 所示，此时时间线显示如图 4-46 所示。接着按键盘上的空格键进行预览，即可听到音乐十分自然的淡入淡出效果了。

图 4-45　将"淡入时长"和"淡出时长"
均设置为 2s

图 4-46　时间线显示 6

4）输出视频。方法：在文件名称设置区中将文件名重命名为"带倒影的视频相册轮转效果"，然后单击右上方的 ⬆导出 按钮，如图 4-47 所示，接着在弹出的"导出"对话框中单击 导出 按钮进行导出。

图 4-47　将文件名重命名为"带倒影的视频相册轮转效果"，单击 导出 按钮

5）至此，"带倒影的视频相册轮转效果 .mp4"视频导出完毕。

4.3　制作直线分屏、旋转分屏和圆形扫描开场效果

4.3　制作直线分屏、旋转分屏和圆形扫描开场效果

要点：

本例将制作直线分屏、旋转分屏和圆形扫描 3 种开场效果，如图 4-48 所示。通过本例的学习，读者应掌握蒙版的应用。

图 4-48　直线分屏、旋转分屏和圆形扫描 3 种开场效果

操作步骤：

1. 制作直线分屏开场效果

1）启动剪映专业版，然后单击"开始创作"按钮，新建一个草稿文件。

2）导入素材。方法：在素材面板单击"媒体→本地"，导入网盘中的"源文件 \4.3　制作直线分屏、旋转分屏和圆形扫描开场效果 \ 素材 1.mp4、素材 2.mp4"，此时素材面板显示如图 4-49 所示。

3）将素材面板中的"素材 1.mp4"拖入时间线主轨道，然后将"素材 2.mp4"拖入主轨道上方轨道，入点为 00:00:00:00，此时时间线显示如图 4-50 所示。

图 4-49　导入素材 1

图 4-50　将"素材 2.mp4"素材拖入主轨道上方轨道

4）将时间定位在 00:00:01:00 的位置，然后在时间线中选择"素材 2.mp4"素材，在工具栏中单击 分割（分割）按钮，从而将"素材 2.mp4"素材在 00:00:01:00 的位置一分为二，

接着选择00:00:01:00之前的"素材2.mp4"素材，按〈Delete〉键进行删除，此时时间线显示如图4-51所示。

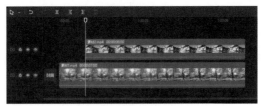

图4-51 时间线显示1

5）在时间线中选择00:00:01:00之后的"素材2.mp4"素材，然后在"画面"选项卡的"蒙版"子选项卡中选择█（镜面）蒙版，再将"旋转"设置为90°，如图4-52所示，效果如图4-53所示。

图4-52 设置"蒙版"参数

图4-53 将镜面蒙版旋转90°的效果

6）将时间定位在00:00:01:00的位置，然后在播放器面板中拖动镜面蒙版边缘位置的图标，从而将镜面蒙版缩小为一条直线，如图4-54所示，然后在"画面"选项卡的"蒙版"子选项卡中添加一个"大小"关键帧，如图4-55所示。

图4-54 在00:00:01:00的位置，将镜面蒙版缩小为一条直线

图4-55 在00:00:01:00的位置，添加一个"大小"关键帧

7）将时间定位在00:00:05:00的位置，然后在播放器面板中拖动镜面蒙版边缘位置的图标，将镜面蒙版在水平方向上扩出画面，如图4-56所示，此时软件会自动产生一个关键帧，

如图 4-57 所示。

图 4-56　将镜面蒙版在水平方向上扩出画面　　图 4-57　在 00:00:05:00 的位置自动产生一个关键帧

8）按空格键预览，就可以看到直线分屏开场效果了，如图 4-58 所示。

图 4-58　直线分屏开场效果

9）给直线分屏边缘添加白边效果。方法：在时间线中选择"素材 2.mp4"素材，按快捷键〈Ctrl+C〉复制，然后将时间定位在 00:00:01:00 的位置，按快捷键〈Ctrl+V〉粘贴，此时时间线显示如图 4-59 所示。

10）在素材面板中单击"媒体→素材库→热门"，然后在右侧选择白场素材，如图 4-60 所示，接着将其拖入时间线主轨上方的"素材 2.mp4"素材上，再在弹出的"替换"对话框中单击"替换片段"按钮，如图 4-61 所示，此时时间线显示如图 4-62 所示。

图 4-59　时间线显示 2　　　　　　图 4-60　在右侧选择白场素材

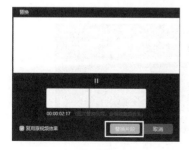 

图 4-61　单击"替换片段"按钮　　　　图 4-62　时间线显示 3

11）将时间定位在 00:00:01:02 的位置，然后将时间线最上方轨道上的"素材 2.mp4"素材的入点设置为 00:00:01:02，再将出点设置为与其余素材一致（也就是 00:00:07:00），此时时间线显示如图 4-63 所示。

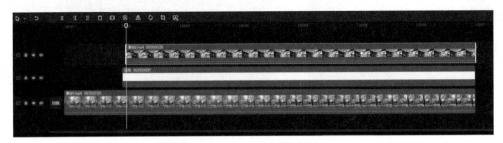

图 4-63　时间线显示 4

12）按空格键预览，就可以看到直线带白边的开场效果了，如图 4-64 所示。

图 4-64　直线带白边的开场效果

13）输出视频。方法：在文件名称设置区中将文件名重命名为"直线分屏开场效果"，然后单击右上方的 导出 按钮，如图 4-65 所示，接着在弹出的"导出"对话框中单击 导出 按钮进行导出。

图 4-65　将文件名重命名为"直线分屏开场效果"，单击 导出 按钮

14）至此，"直线分屏开场效果 .mp4"视频导出完毕。

2. 制作旋转分屏开场效果

1）执行菜单中的"菜单→文件→新建草稿"命令，然后在弹出的对话框中单击"确认"按钮，如图 4-66 所示，新建一个草稿文件。

2）导入素材。方法：在素材面板单击"媒体→本地"，导入网盘中的"源文件 \4.3　制作直线分屏、旋转分屏和圆形扫描开场效果 \ 素材 3.mp4、素材 4.mp4"，此时素材面板显示如图 4-67 所示。

图 4-66　单击"确认"按钮 1

图 4-67　导入素材 2

3）将素材面板中的"素材 3.mp4"拖入时间线主轨道，然后将"素材 4.mp4"拖入主轨道上方轨道，入点为 00:00:00:00，此时时间线显示如图 4-68 所示。

图 4-68　时间线显示 5

4）将时间定位在 00:00:01:00 的位置，然后在时间线中选择"素材 4.mp4"素材，在工具栏中单击 ⅠⅠ（分割）按钮，从而将"素材 4.mp4"素材在 00:00:01:00 的位置一分为二，接着选择 00:00:01:00 之前的"素材 4.mp4"素材，按〈Delete〉键进行删除，此时时间线显示如图 4-69 所示。

图 4-69　时间线显示 6

5）将时间定位在 00:00:01:00 的位置，然后在时间线中选择 00:00:01:00 之后的"素材 4.mp4"素材，接着在"画面"选项卡的"蒙版"子选项卡中选择 ▤（镜面）蒙版，再将其在水平方向缩小成一条直线，如图 4-70 所示，并添加一个"旋转"和"大小"的关键帧，如图 4-71 所示。

图 4-70　将镜面蒙版缩小成一条直线

图 4-71　在 00:00:01:00 的位置添加
"旋转"和"大小"的关键帧

6）将时间定位在 00:00:05:00 的位置，然后在播放器面板中将镜面蒙版逆时针旋转 180°，再将镜面蒙版在垂直方向上扩出画面，如图 4-72 所示，此时软件会自动产生一个关键帧，如图 4-73 所示。

图 4-72　在 00:00:05:00 的位置将镜面蒙版逆时针旋转 180°，再将镜面蒙版在垂直方向上扩出画面

图 4-73　在 00:00:05:00 的位置会自动产生一个关键帧

7）按空格键预览，就可以看到旋转分屏的开场效果了，如图 4-74 所示。

图 4-74　旋转分屏的开场效果

8）输出视频。方法：在文件名称设置区中将文件名重命名为"旋转分屏开场效果"，然后单击右上方的 导出 按钮，如图 4-75 所示，接着在弹出的"导出"对话框中单击 导出 按钮进行导出。

图 4-75　将文件名重命名为"旋转分屏开场效果"，单击 导出 按钮

9）至此，"旋转分屏开场效果 .mp4"视频导出完毕。

3. 制作圆形扫描开场效果

1）执行菜单中的"菜单→文件→新建草稿"命令，然后在弹出的对话框中单击"确认"按钮，如图 4-76 所示，新建一个草稿文件。

2）导入素材。方法：在素材面板单击"媒体→本地"，然后在右侧单击"导入"按钮，导入网盘中的"源文件 \4.3　制作直线分屏、旋转分屏和圆形扫描开场效果 \ 素材 5.mp4、素材 6.mp4"，此时素材面板显示如图 4-77 所示。

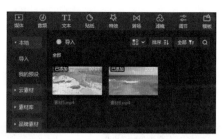

图 4-76 单击"确认"按钮 2 　　　图 4-77 导入素材 3

3）将素材面板中的"素材 5.mp4"和"素材 6.mp4"依次拖入时间线主轨道，如图 4-78 所示。

图 4-78 将素材面板中的"素材 5.mp4"和"素材 6.mp4"依次拖入时间线主轨道

4）将时间定位在 00:00:03:00 的位置，然后在工具栏中单击 ❚❚（分割）按钮，从而将"素材 5.mp4"素材在 00:00:03:00 的位置一分为二，接着选择 00:00:03:00 之前的"素材 5.mp4"素材，如图 4-79 所示，按〈Delete〉键进行删除，此时时间线显示如图 4-80 所示。

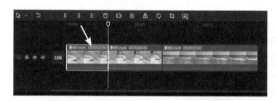

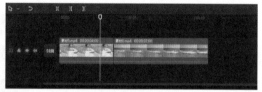

图 4-79 选择 00:00:03:00 之前的"素材 5.mp4"素材 　　　图 4-80 时间线显示 7

5）在"素材 5.mp4"和"素材 6.mp4"之间添加"圆形扫描"转场。方法：在素材面板中单击"转场→转场效果→幻灯片"，然后在右侧单击"圆形扫描"转场右下角的 ⊕（添加到轨道）按钮，如图 4-81 所示，即可在"素材 5.mp4"和"素材 6.mp4"之间添加"圆形扫描"转场效果，此时时间线显示如图 4-82 所示。

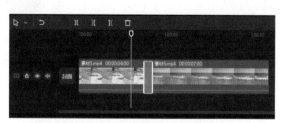

图 4-81 单击"圆形扫描"转场右下角的 ⊕（添加到轨道）按钮 　　　图 4-82 在"素材 5.mp4"和"素材 6.mp4"之间添加"圆形扫描"转场效果

6）按空格键预览，会发现"素材 5.mp4"和"素材 6.mp4"之间的"圆形扫描"转场效果速度过快，下面在时间线中选择"圆形扫描"转场，然后在"转场"选项卡中将"时长"加大为 2s，如图 4-83 所示，此时时间线显示如图 4-84 所示。接着按空格键预览，就可以看到"素材 5.mp4"和"素材 6.mp4"之间"圆形扫描"转场效果就变慢了，效果如图 4-85 所示。

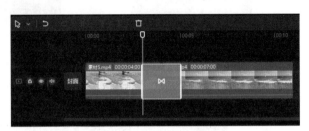

图 4-83　将转场"时长"加大为 2s　　　　图 4-84　时间线显示 8

图 4-85　"圆形扫描"转场效果变慢

7）利用圆形蒙版来控制"圆形扫描"转场的区域。方法：将素材面板中的"素材 5.mp4"拖入时间线主轨道上方的轨道，入点为 00:00:00:00，然后将时间定位在 00:00:05:00 的位置（也就是转场结束的位置），如图 4-86 所示，再在"画面"选项卡的"蒙版"子选项卡中选择■（圆形）蒙版，接着在播放器面板中将圆形蒙版适当放大（为了便于操作，此时在"画面"选项卡的"蒙版"子选项卡中将"大小"设置为（800，800），如图 4-87 所示），效果如图 4-88 所示。

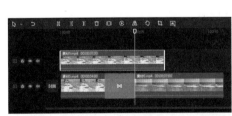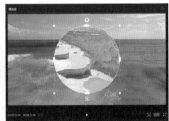

图 4-86　将时间定位在 00:00:05:00 的位置　图 4-87　设置蒙版参数 1　图 4-88　将圆形蒙版适当放大

8）将时间定位在 00:00:05:00 的位置，然后在"蒙版"子选项卡中单击■（反转）按钮，反转蒙版，并添加一个"大小"关键帧，如图 4-89 所示，效果如图 4-90 所示。接着将时间定位在 00:00:06:20 的位置，再在播放器中将圆形蒙版扩大到画面外（为了便于操作，此时在"画面"选项卡的"蒙版"子选项卡中将"大小"设置为（2300，2300），如图 4-91 所示），效果如图 4-92 所示。

图 4-89 设置蒙版参数 2

图 4-90 设置蒙版参数后的效果

图 4-91 在 00:00:06:20 的
位置设置蒙版参数

图 4-92 将圆形蒙版扩大到画面外的效果

9）按空格键预览，就可以看到圆形扫描开场效果了，如图 4-93 所示。

图 4-93 圆形扫描开场效果

10）输出视频。方法：在文件名称设置区中将文件名重命名为"圆形扫描开场效果"，然后单击右上方的 导出 按钮，如图 4-94 所示，接着在弹出的"导出"对话框中单击 导出 按钮进行导出。

图 4-94 将文件名重命名为"圆形扫描开场效果"，单击 导出 按钮

11）至此，"圆形扫描开场效果 .mp4"视频导出完毕。

4. 将三个开场视频合成为一个视频

1）执行菜单中的"菜单→文件→新建草稿"命令，新建一个草稿文件。

2）导入素材。方法：在素材面板单击"媒体→本地"，然后在右侧单击"导入"按钮，导入网盘中的"源文件\4.3　制作直线分屏、旋转分屏和圆形扫描开场效果\直线分屏开场效果.mp4、旋转分屏开场效果.mp4、圆形扫描开场效果.mp4"，此时素材面板显示如图4-95所示。

3）将"直线分屏开场效果.mp4""旋转分屏开场效果.mp4"和"圆形扫描开场效果.mp4"依次拖入时间线主轨道，如图4-96所示。

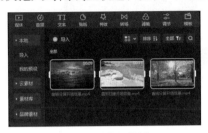

图4-95　导入素材4

图4-96　将素材拖入时间线主轨道

4）在"直线分屏开场效果.mp4"素材和"旋转分屏开场效果.mp4"素材之间添加"叠化"转场效果。方法：在素材面板中单击"转场→转场效果→叠化"，然后在右侧单击"叠化"转场右下角的 ⊕（添加到轨道）按钮，如图4-97所示，即可在"直线分屏开场效果.mp4"素材和"旋转分屏开场效果.mp4"素材之间添加"叠化"转场效果，此时时间线显示如图4-98所示。

图4-97　单击"叠化"转场右下角
的 ⊕（添加到轨道）按钮

图4-98　时间线显示9

5）将"叠化"转场添加到"旋转分屏开场效果.mp4"素材和"圆形扫描开场效果.mp4"素材之间。方法：在时间线中选择"叠化"转场，然后在"转场"选项卡中将"时长"设置为0.5s，单击"应用全部"按钮，如图4-99所示，即可将"叠化"转场添加到"旋转分屏开场效果.mp4"素材和"圆形扫描开场效果.mp4"素材之间，此时时间线显示如图4-100所示。

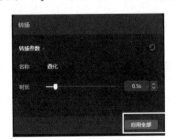

图4-99　单击"应用全部"按钮

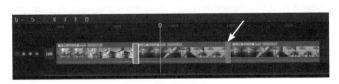

图4-100　时间线显示10

6）添加背景音乐。方法：在素材面板中单击"音频→音乐素材"，然后在右侧搜索栏中输入"春夏秋冬（纯音乐）"，再在下方选择"春夏秋冬（纯音乐）"，如图 4-101 所示，接着将其拖入时间线，入点为 00:00:00:00，最后通过拖动的方式，将背景音乐的出点设置为与视频出点一致，此时时间线显示如图 4-102 所示。

图 4-101　选择"春夏秋冬（纯音乐）"　　　　　图 4-102　时间线显示 11

7）制作音乐的淡出效果。方法：在时间线中选择"春夏秋冬（纯音乐）"音乐，然后在功能面板"音频"选项卡的"基本"子选项卡中将"淡出时长"设置为 3s，如图 4-103 所示，此时时间线显示如图 4-104 所示。接着按键盘上的空格键进行预览，即可听到音乐结尾位置的十分自然的淡出效果了。

图 4-103　将"淡出时长"设置为 3s　　　　　图 4-104　时间线显示 12

8）输出视频。方法：在文件名称设置区中将文件名重命名为"3 个开场效果组合"，然后单击右上方的 导出 按钮，如图 4-105 所示，接着在弹出的"导出"对话框中单击 导出 按钮进行导出。

图 4-105　将文件名重命名为"3 个开场效果组合"，单击 导出 按钮

9）至此，"3 个开场效果组合 .mp4"视频导出完毕。

4.4　制作炫酷的瞳孔转场效果

 要点：

4.4　制作炫酷的瞳孔转场效果

本例将制作一个影视中常见的炫酷的瞳孔转场效果，如图 4-106 所示。通过本例的学习，读者应掌握定格和蒙版的应用。

  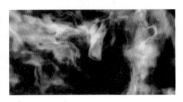

图 4-106　炫酷的瞳孔转场效果

操作步骤：

1）启动剪映专业版，然后单击"开始创作"按钮，新建一个草稿文件。

2）导入素材。方法：在素材面板中单击"媒体→素材库"，然后在右侧搜索栏中输入"眼睛"，接着在下方单击 7s 的眼睛素材进行预览，此时素材面板显示如图 4-107 所示。

3）将素材面板中选择的 7s 的眼睛素材拖入时间线主轨道，然后单击轨道前的 按钮，切换为 状态，从而关闭视频自带原声，此时时间线显示如图 4-108 所示。

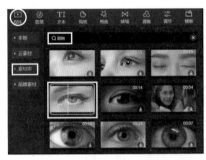

图 4-107　单击 7s 的眼睛素材进行预览

图 4-108　时间线显示

4）在眼睛完全睁开的位置添加定格。方法：将时间定位在 00:00:01:05 的位置（也就是眼睛完全睁开的位置），然后在工具栏中单击 （定格）按钮，从而将该帧生成一个定格图片，如图 4-109 所示，接着按〈Delete〉键，将定格后的眼睛素材删除，最后将定格图片的出点设置为 00:00:02:20，此时时间线显示如图 4-110 所示。

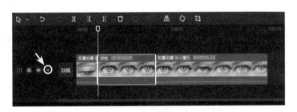

图 4-109　生成定格图片

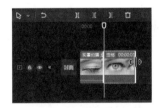

图 4-110　将定格图片的出点设置为
00:00:02:20

5）添加爆炸素材。方法：在素材面板中单击"媒体→素材库"，然后在右侧搜索栏中输入"爆炸"，再在下方单击 3s 的爆炸火焰素材进行预览，此时素材面板显示如图 4-111 所示。接着将其拖入时间线，入点为 00:00:01:05，此时时间线显示如图 4-112 所示。

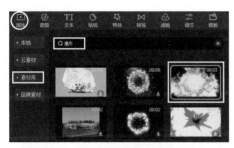

图 4-111　单击 3s 的爆炸火焰素材
进行预览

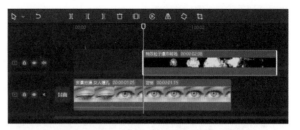

图 4-112　将 3s 的爆炸火焰素材拖入时间线，
入点为 00:00:01:05

6）为了便于后面操作，下面将主轨道上的素材移动到爆炸火焰上方，此时时间线显示如图 4-113 所示。

图 4-113　将主轨道上的素材移动到爆炸火焰上方

7）将时间定位在 00:00:01:05 的位置，然后在时间线中选择定格图片，再在"画面"选项卡的"蒙版"子选项卡中选择 ⊙（圆形）蒙版，接着在播放器面板中调整圆形蒙版的大小和位置，使之与瞳孔等大（为了便于操作，此时将蒙版"位置"的数值设置为（5，30)），再将"羽化"设置为 5，如图 4-114 所示，效果如图 4-115 所示。

图 4-114　设置圆形蒙版的参数

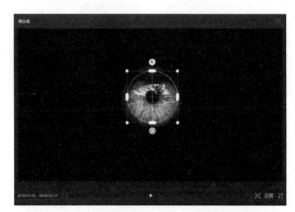

图 4-115　设置圆形蒙版的参数后的效果

8）在播放器面板中将圆形蒙版缩小为一个点，然后在"画面"选项卡的"蒙版"子选项卡中单击 ⊡（反转）蒙版按钮，如图 4-116 所示，反转蒙版，效果如图 4-117 所示。接着进入"画面"选项卡的"基础"子选项卡，再添加一个"位置大小"关键帧，如图 4-118 所示。

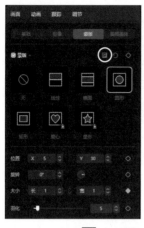
图 4-116　单击 （反转）
蒙版按钮

图 4-117　反转蒙版效果

图 4-118　添加一个"位置大小"
关键帧

9) 将时间定位在 00:00:02:00 的位置, 然后将"缩放"数值设置为 200%, 如图 4-119 所示。接着进入"画面"选项卡的"蒙版"子选项卡, 将蒙版"大小"数值设置为 (150, 150), 蒙版"位置"数值设置为 (15, 25), 如图 4-120 所示, 使圆形蒙版中心位于瞳孔中央位置, 效果如图 4-121 所示。

图 4-119　将"缩放"数值
设置为 200%

图 4-120　在 00:00:02:00
设置蒙版参数

图 4-121　在 00:00:02:00 设置
蒙版参数后的效果

10) 将时间定位在 00:00:02:19 的位置 (也就是定格图片结束的前一帧), 如图 4-122 所示, 然后进入"画面"选项卡的"基础"子选项卡, 将"缩放"数值设置为 700%, 使瞳孔充满整个画面, 如图 4-123 所示, 效果如图 4-124 所示。接着进入"画面"选项卡的"蒙版"子选项卡, 再放大蒙版使之超出画面之外 (为了便于操作, 此时将蒙版"大小"的数值设置为 (230, 230)), 并将"位置"数值设置为 (0, 0), 如图 4-125 所示, 效果如图 4-126 所示。

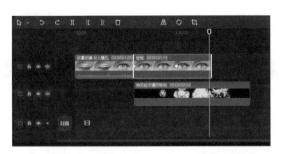

图 4-122　将时间定位在 00:00:02:19 的位置
（也就是定格图片结束的前一帧）

图 4-123　将"缩放"数值设置为 700%

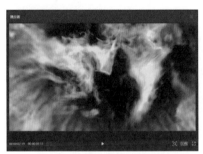

图 4-124　使瞳孔充满整个画面

图 4-125　设置蒙版参数

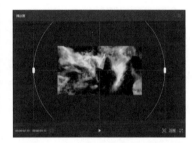

图 4-126　放大蒙版使之超出画面之外

11）按空格键预览，此时会发现眼睛素材自带的原声效果并不能与画面效果匹配，下面给场景添加一个新的背景音效。方法：单击眼睛素材轨道前的 按钮，切换为 状态，从而关闭视频自带原声，然后在素材面板中单击"音频→音效素材"，再在右侧搜索栏中输入"爆炸"，接着在下方选择 3s 的爆炸音效，如图 4-127 所示，将其拖入时间线，入点为 00:00:01:05，此时时间线显示如图 4-128 所示。

提示：前面将眼睛素材拖入主轨道时，关闭了主轨道眼睛素材自带的原声，但后面将眼睛素材移动到了新的轨道，因此需要重新关闭该轨道眼睛素材自带的原声。

图 4-127　选择 3s 的爆炸音效

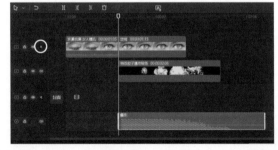

图 4-128　将 3s 的爆炸音效拖入时间线，入点为 00:00:01:05

12）按空格键预览，至此炫酷的瞳孔转场效果制作完毕。

13）输出视频。方法：在文件名称设置区中将文件名重命名为"炫酷的瞳孔转场效果"，

然后单击右上方的 导出 按钮，如图 4-129 所示，接着在弹出的"导出"对话框中单击 导出 按钮进行导出。

图 4-129　将文件名重命名为"炫酷的瞳孔转场效果"，单击 导出 按钮

14）至此，"炫酷的瞳孔转场效果 .mp4"视频导出完毕。

4.5　课后练习

利用剪映自带素材制作一种炫酷的瞳孔转场效果。

第5章 特效的应用

对于一个剪辑人员来说，掌握视频特效的应用是非常必要的。视频特效技术对于影片的好与坏起着很大的作用，巧妙地为影片素材添加各式各样的视频特效，可以使影片具有强烈的视觉感染力。通过本章学习，读者应掌握在剪映中对素材添加特效的方法。

5.1 制作人物分身效果

 要点：

本例将制作一个人物分身效果，如图 5-1 所示。通过本例的学习，读者应掌握"分身"特效的应用。

5.1 制作人物分身效果

图 5-1 人物分身效果

 操作步骤：

1）启动剪映专业版，然后单击"开始创作"按钮，新建一个草稿文件。

2）在素材面板中单击"媒体→素材库"，然后在右侧搜索栏中输入"人物海边"，接着选择一个人物素材，如图 5-2 所示，将其拖入时间线的主轨道，如图 5-3 所示。

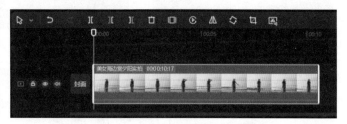

图 5-2 选择人物素材 　　　　图 5-3 将人物素材拖入时间线的主轨道

3）删除多余的视频素材。方法：将时间定位在00:00:09:10的位置，然后在时间线上方工具栏中单击 ![分割] （分割）按钮，将人物素材一分为二，如图5-4所示。接着按〈Delete〉键，删除00:00:09:10之后的视频素材，此时时间线显示如图5-5所示。

提示：通过在视频结尾处拖动来设置出点的方法也可以达到同样效果。

图5-4　在00:00:09:10的位置将人物素材一分为二

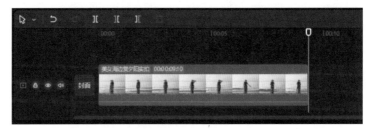

图5-5　删除00:00:09:10之后人物素材的时间线显示

4）在素材面板中单击"特效→人物特效→热门"，然后在右侧选择"分身"，如图5-6所示，再将其拖到时间线"人物"素材上，如图5-7所示，此时按空格键预览就可以看到人物分身效果了，如图5-8所示。

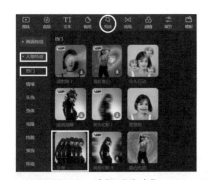

图5-6　选择"分身"

图5-7　将"分身"特效拖到时间线"人物"素材上

图5-8　预览效果1

5）将人物分身设置为两个，并使分身在视频结束位置与视频中的人物重合。方法：

在"特效"选项卡中将"距离"设置为 50,"数量"设置为 30,"速度"设置为 0,如图 5-9 所示,此时按空格键预览,效果如图 5-10 所示。

提示:"距离"用于设置分身之间的间隔;"数量"用于设置人物分身的数量,当"数量"取值范围在 0 ~ 33 时,分身数量为 2 个,当"数量"取值范围在 34 ~ 66 时,分身数量为 3 个,当"数量"取值范围在 67 ~ 100 时,分身数量为 4 个;"速度"用于控制分身从原身移动出来的时间,数值越大,移动速度越快。

图 5-9 设置"分身"特效参数   图 5-10 预览效果 2

6)添加背景音乐。方法:在素材面板中单击"音频→音乐素材",然后在右侧搜索栏中输入"带你去海边",再在下方选择"带你去海边(剪辑版)- 罗帅",如图 5-11 所示,将其拖入时间线,入点为 00:00:00:00。接着将时间定位在 00:00:09:10 的位置,在时间线上方工具栏中单击 (分割)按钮,将音乐一分为二,再按〈Delete〉键将 00:00:09:10 后面的音乐素材删除,此时时间线显示如图 5-12 所示。

 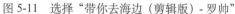 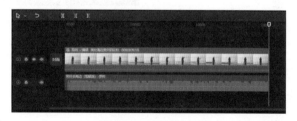

图 5-11 选择"带你去海边(剪辑版)- 罗帅"   图 5-12 时间线显示

7)输出视频。方法:在文件名称设置区中将文件名重命名为"人物分身效果",然后单击右上方的 按钮,如图 5-13 所示。再在弹出的"导出"对话框中单击"导出至"后面的 按钮,如图 5-14 所示,接着从弹出的"请选择导出路径"对话框中选择输出视频所在的文件夹,再单击 选择文件夹 按钮,如图 5-15 所示,回到"导出"对话框。最后单击 导出 按钮进行导出。

图 5-13 设置文件名称后单击 按钮

图 5-14　单击"导出至"后面的 □ 按钮　　　图 5-15　单击 选择文件夹 按钮

8）当视频导出完成后，会显示图 5-16 所示的对话框，此时如果要将导出的视频发布到用户的"抖音"或"西瓜视频"账号上，单击 发布 按钮即可。如果不需要发布到网上，单击 关闭 按钮即可。

图 5-16　视频导出完成后的对话框

9）至此，"人物分身效果 .mp4"视频导出完毕。

5.2　制作唯美的水滴转场效果

5.2　制作唯美的水滴转场效果

　要点：

本例将制作一个唯美的水滴转场效果，如图 5-17 所示。通过本例的学习，读者应掌握蒙版动画、"水波纹"和"雨滴晕开"特效、添加音效、剪辑和设置音乐的淡出效果、输出视频的应用。

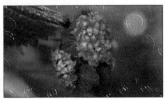

图 5-17　唯美的水滴转场效果

操作步骤：

1.制作素材之间逐渐切换效果

1）启动剪映专业版，然后单击"开始创作"按钮，新建一个草稿文件。

2）导入素材。方法：在素材面板中单击"导入"按钮，导入网盘中的"源文件\5.2　制作唯美的水滴转场效果\图片 1.jpg～图片 6.jpg 和开始视频 .mp4"，此时素材面板显示如图 5-18 所示。

3）将素材面板中的"开始视频 .mp4"拖入时间线的主轨道，然后将"图片 1.jpg"拖到主轨道上方轨道，入点为 00:00:00:00，出点设置为与"开始视频 .mp4"等长，也就是 00:00:03:00，如图 5-19 所示。

提示：这里需要说明的是拖入主轨道的素材默认入点是00:00:00:00。

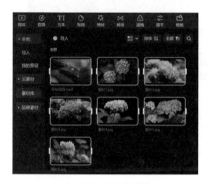

图 5-18　导入素材

图 5-19　将"开始视频 .mp4"和"图片 1.jpg"拖入时间线

4）制作从"开始视频 .mp4"逐渐过渡到"图片 1.jpg"的效果。方法：在时间线中选择"图片 1.jpg"素材，然后将时间定位在 00:00:00:15 的位置，在功能面板"画面"选项卡的"蒙版"子选项卡中选择 （圆形）蒙版，接着在播放器面板中将圆形蒙版调整为椭圆形并适当缩小（为了便于大家操作，此时将圆形蒙版"大小"数值设置为一个整数，"长 70""宽 100"），再记录"位置"和"大小"的关键帧，最后为了使蒙版边缘与背景更好地融合，再将"羽化"数值设置为 3，如图 5-20 所示，效果如图 5-21 所示。

图 5-20　在 00:00:00:15 的位置设置圆形蒙版的大小

图 5-21　调整圆形蒙版后的效果 1

5）将时间定位在 00:00:03:00 的位置，然后在播放器面板中放大蒙版，使之超出画面大小，为了便于大家操作，此时将圆形蒙版"大小"数值设置为一个整数，"长 2200""宽3000"，如图 5-22 所示，效果如图 5-23 所示。

提示：由于前面已经在00:00:00:15的位置记录了蒙版"位置"和"大小"的关键帧，此时在00:00:03:00的位置调整"大小"的数值，软件会自动添加"大小"关键帧。

图 5-22　在 00:00:03:00 的位置设置圆形蒙版的大小　　图 5-23　调整圆形蒙版后的效果 2

6）将时间定位在 00:00:00:00 的位置，然后在播放器面板中将圆形蒙版垂直往上移动到画面边缘，并将其缩小成一个点。为了便于大家操作，此时将蒙版"位置"数值设置为（0，530），圆形蒙版"大小"数值设置为（1，1），如图 5-24 所示，效果如图 5-25 所示。

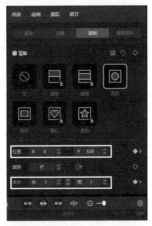

图 5-24　在 00:00:00:00 的
位置设置圆形蒙版的大小　　图 5-25　调整圆形蒙版后的效果 3

7）按键盘上的空格键进行预览，就可以看到在 00:00:00:00 ～ 00:00:03:00"开始视频.mp4"从上往下逐渐放大过渡到"图片 1.jpg"的效果了，如图 5-26 所示。

图 5-26　从"开始视频 .mp4"逐渐过渡到"图片 1.jpg"的效果

8）制作从"图片 1.jpg"逐渐过渡到"图片 2.jpg"的效果。方法：将素材面板中的"图片 1.jpg"拖入时间线主轨道，并放置在"开始视频 .mp4"素材后面，然后将其出点设置为 00:00:06:00，此时时间线显示如图 5-27 所示。接着选择时间线中的"图片 1.jpg"素材，按快捷键〈Ctrl+C〉复制，再将时间定位在 00:00:03:00 的位置，按快捷键〈Ctrl+V〉进行粘贴，此时时间线显示如图 5-28 所示。

图 5-27　将素材面板中的"图片 1.jpg"拖入时间线主轨道

图 5-28　时间线显示 1

9）替换素材。方法：将素材面板中的"图片 2.jpg"拖到时间线主轨道上方 00:00:03:00 ～ 00:00:06:00 之间的"图片 1.jpg"素材上，如图 5-29 所示，然后在弹出的图 5-30 所示的"替换"对话框中单击"替换片段"按钮，这时主轨道上方 00:00:03:00 ～ 00:00:06:00 之间的"图片 1.jpg"素材就被替换为"图片 2.jpg"了，此时时间线显示如图 5-31 所示。

图 5-29　将"图片 2.jpg"拖到时间线主轨道上方 00:00:03:00 ～ 00:00:06:00 之间的"图片 1.jpg"素材上

图 5-30　"替换"对话框

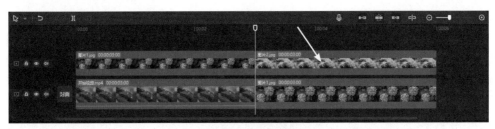

图 5-31　时间线显示 2

10）按键盘上的空格键进行预览，就可以看到在 00:00:03:00 ～ 00:00:06:00 从"图片1.jpg"逐渐过渡到"图片 2.jpg"的效果，如图 5-32 所示。

图 5-32　从"图片 1.jpg"逐渐过渡到"图片 2.jpg"的效果

11）同理，制作其余图片之间的切换效果，此时时间线显示如图 5-33 所示。

图 5-33　时间线显示 3

2. 制作水波纹效果

1）在素材面板中单击"特效→画面特效→动感"，然后在右侧选择"水波纹"，如图 5-34 所示，再将其拖入时间线，入点为 00:00:00:00，如图 5-35 所示，此时按空格键预览，就可以看到水波纹效果了，如图 5-36 所示。

图 5-34　时间线显示 4

图 5-35　将"水波纹"拖入时间线，入点为 00:00:00:00

图 5-36　水波纹效果

2）将水波纹特效复制到其余素材上。方法：在时间线中选择"水波纹"，然后按快捷键〈Ctrl+C〉进行复制，再按〈↓〉键，将时间定位在 00:00:03:00 的位置，按快捷键〈Ctrl+V〉进行粘贴。同理，分别将时间定位在 00:00:06:00、00:00:09:00、00:00:12:00 和 00:00:15:00 的位置，按快捷键〈Ctrl+V〉进行粘贴，此时时间线显示如图 5-37 所示。

图 5-37　时间线显示 5

3. 制作雨滴晕开效果

1）在素材面板中单击"特效→画面特效→自然"，然后在右侧选择"雨滴晕开"，如图 5-38 所示，再将其拖入时间线，入点为 00:00:00:00。接着将"雨滴晕开"特效的出点设置为 00:00:18:00，此时时间线显示如图 5-39 所示。

图 5-38　选择"雨滴晕开"　　　　　　　图 5-39　时间线显示 6

2）按键盘上的空格键预览，就可以看到雨滴晕开效果了，如图 5-40 所示。

图 5-40　雨滴晕开效果

4. 添加雨滴声效

1）在素材面板中单击"音频→音效素材"，然后在右侧搜索栏中输入"一滴水滴"，接着在下方单击"一滴水滴声"，如图 5-41 所示，在播放器面板中预览音效。

2）将"一滴水滴声"音效拖入时间线，入点为 00:00:00:15，如图 5-42 所示。

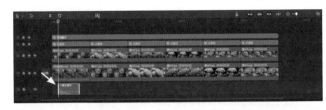

图 5-41　单击"一滴水滴声"　　　　图 5-42　将"一滴水滴声"音效拖入时间线，入点为 00:00:00:15

3）将"一滴水滴声"音效复制到其余相应位置。方法：在时间线中选择"一滴水滴声"音效素材，然后按〈Ctrl+C〉键进行复制，接着分别将时间定位在 00:00:03:15、00:00:06:15、00:00:09:15、00:00:12:15 和 00:00:15:15 的位置，按快捷键〈Ctrl+V〉进行粘贴，此时时间线显示如图 5-43 所示。

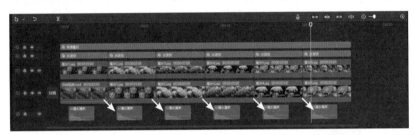

图 5-43　将"一滴水滴声"音效复制到其余相应位置

5. 添加背景音乐

1）在素材面板中单击"音频→音乐素材"，然后在右侧搜索栏中输入"轻柔的音乐"，接着在下方单击"轻柔的音乐"，如图 5-44 所示，播放音乐。

2）将"轻柔的音乐"音乐拖入时间线，入点为 00:00:00:00，如图 5-45 所示。

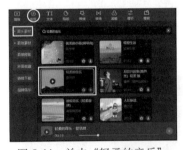

图 5-44　单击"轻柔的音乐"　　　　图 5-45　将"轻柔的音乐"音乐拖入时间线，入点为 00:00:00:00

3）去除音乐前面的静音。方法：将时间定位在 00:00:02:15 的位置，然后在时间线上方工具栏中单击 ▌▌（分割）按钮，将音乐一分为二，如图 5-46 所示。接着选择分割后

00:00:02:15 前面的音乐素材，按〈Delete〉键删除，再将 00:00:02:15 后的音乐素材往前移动，入点为 00:00:00:00。

图 5-46　将音乐在 00:00:02:15 的位置一分为二

4）去除"轻柔的音乐"音乐后面多余的音频。方法：将时间定位在 00:00:18:00 的位置，单击▮▮（分割）按钮，从而将"轻柔的音乐"音乐在 00:00:18:00 的位置一分为二，然后按〈Delete〉键删除 00:00:18:00 后多余的音乐素材，此时时间线显示如图 5-47 所示。

图 5-47　时间线显示 7

5）制作音乐的淡出效果。方法：在时间线中选择"一滴水滴声"音乐，然后在功能面板"基本"选项卡中将"淡出时长"设置为 2s，如图 5-48 所示。接着按键盘上的空格键进行预览，即可听到音乐结尾位置的十分自然的淡出效果了。

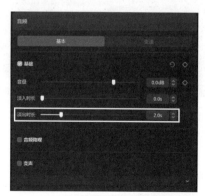

图 5-48　将"淡出时长"设置为 2s

6）至此，唯美的水滴转场效果制作完毕。

6. 输出视频

1）在文件名称设置区中将文件名重命名为"唯美的水滴转场效果"，然后单击右上方

的  按钮，如图 5-49 所示。再在弹出的"导出"对话框中单击"导出至"后面的 ▢ 按钮，如图 5-50 所示，接着从弹出的"请选择导出路径"对话框中选择输出视频所在的文件夹，再单击 选择文件夹 按钮，如图 5-51 所示，回到"导出"对话框。最后单击 导出 按钮进行导出。

图 5-49　设置文件名称后单击 导出 按钮

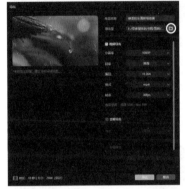

图 5-50　单击"导出至"后面的 ▢ 按钮　　　　图 5-51　单击 选择文件夹 按钮

2）当视频导出完成后，会显示图 5-52 所示的对话框，此时如果要将导出的视频发布到用户的"抖音"或"西瓜视频"账号上，单击 发布 按钮即可。如果不需要发布到网上，单击 关闭 按钮即可。

图 5-52　视频导出完成后的对话框

3）至此，"唯美的水滴转场效果 .mp4"视频导出完毕。

5.3　制作文字围绕水晶球转动的宣传视频

5.3　制作文字围绕水晶球转动的宣传视频

 要点：

本例将制作一个文字围绕水晶球转动的宣传视频，如图 5-53 所示。通过本例的学习，读者应掌握设置画面显示比例、创建转动的文本、贴纸、动画、特效、利用混合模式去除黑色背景、输出视频的应用。

图 5-53　文字围绕水晶球转动的宣传视频

 操作步骤：

1. 制作转动的文字效果

1）启动剪映专业版，然后单击"开始创作"按钮，新建一个草稿文件。

2）添加文字。方法：将时间定位在 00:00:00:00 的位置，然后在素材面板中单击"文本"，再单击"默认文本"右下角的 按钮，如图 5-54 所示，从而将文本添加到时间线。

3）在时间线中选择文字素材，然后在"文本"选项卡的"基础"子选项卡中将文字更改为"凡哥创作课堂"，"字体"设置为"新青年体"，"字间距"设置为 6，如图 5-55 所示。

4）在播放器面板下方将画面显示比例设置为 1∶1，如图 5-56 所示。

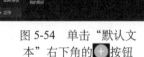

图 5-54　单击"默认文本"右下角的 按钮　　　　图 5-55　设置文字属性 1　　　　图 5-56　设置文字属性 2

5）在时间线中将文字出点设置为 00:00:14:00，然后在时间线中右键单击文字素材，从弹出的快捷菜单中选择"新建复合片段"命令，将文字转为一个复合片段，此时时间线显示如图 5-57 所示。

图 5-57　时间线显示 1

6) 在素材面板中单击"特效→画面特效→基础",然后在右侧选择"鱼眼Ⅱ",如图5-58所示,再将其拖入时间线,入点为00:00:00:00,接着将其出点设置为与文字复合片段一致,如图5-59所示。

图5-58 选择"鱼眼Ⅱ"　　　　　图5-59 将"鱼眼Ⅱ"出点设置为与文字复合片段一致

7) 在时间线中选择"鱼眼Ⅱ",然后在"特效"选项卡中将"旋转速度"的数值设置为5,如图5-60所示,然后按空格键预览,就可以看到转动的文字效果了,如图5-61所示。

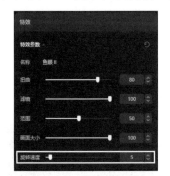

图5-60 将"旋转速度"的数值设置为5　　　　图5-61 转动的文字效果

2. 制作文字中央旋转的水晶球

1) 在素材面板中单击"贴纸→贴纸素材→水晶球",然后在右侧搜索栏中输入"水晶球",再在下方选择一种水晶球贴纸,如图5-62所示,接着将其拖入时间线,入点为00:00:00:00,出点设置为与其余素材一致,如图5-63所示,效果如图5-64所示。

2) 此时水晶球尺寸过小,下面在播放器面板中放大水晶球(为了便于大家操作,此时在"贴纸"选项卡中将"缩放"数值设置为130%,如图5-65所示),效果如图5-66所示。

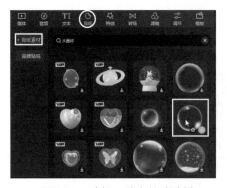

图5-62 选择一种水晶球贴纸　　　　图5-63 将水晶球出点设置为与其余素材一致

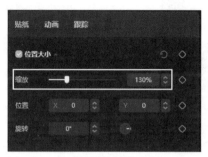

图 5-64 将水晶球出点设置
为与其余素材一致的效果　　　图 5-65 将 "缩放" 数值设置为 130%　　　图 5-66 放大水晶球的效果

3）设置水晶球的旋转效果。方法：在 "动画" 选项卡的 "循环" 子选项卡中选择 "旋转"，并将 "动画快慢" 设置为 5s，如图 5-67 所示。然后按空格键进行预览，此时就可以看到水晶球的旋转效果了，如图 5-68 所示。

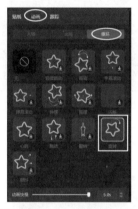

图 5-67 选择 "旋转"，并
将 "动画快慢" 设置为 5s　　　　　图 5-68 水晶球的旋转效果

3. 在画面中添加元素来丰富画面

1）在素材面板中单击 "特效→画面特效→氛围"，然后在右侧选择 "彩色碎片"，如图 5-69 所示，再将其拖入时间线，入点为 00:00:00:00，出点设置为与其余素材一致，如图 5-70 所示，效果如图 5-71 所示。

2）同理，在素材面板中选择 "节日彩带"，如图 5-72 所示，入点为 00:00:00:00，出点设置为与其余素材一致，如图 5-73 所示，效果如图 5-74 所示。

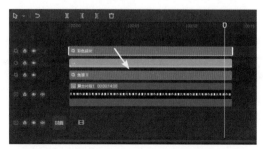

图 5-69 选择 "彩色碎片"　　　图 5-70 将 "彩色碎片" 拖入时间线，入点
为 00:00:00:00，出点设置为与其余素材一致

图 5-71 "彩色碎片"效果

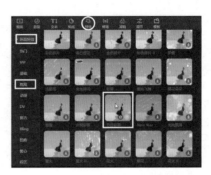

图 5-72 选择"节日彩带"

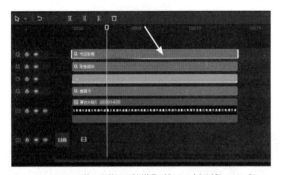

图 5-73 将"节日彩带"拖入时间线，入点
为 00:00:00:00，出点设置为与其余素材一致

图 5-74 "节日彩带"效果

3）按键盘上的空格键进行预览，效果如图 5-75 所示。

图 5-75 预览效果 1

4）输出视频。方法：在右上方单击 □ 导出 按钮，将当前文件导出为"中间素材 .mp4"。

4. 制作水晶球场景合成效果

1）执行菜单中的"菜单→文件→新建草稿"命令，新建一个草稿文件。

2）在素材面板中单击"媒体→素材库"，然后在右侧搜索栏中输入"下雨红色花丛"，接着在下方单击 6s 素材右下角的 ⊕ 按钮，如图 5-76 所示，从而将文本添加到时间线。最后在"变速"选项卡的"常规变速"子选项卡中将"时长"设置为 14s，如图 5-77 所示，此时时间线显示如图 5-78 所示。

图 5-76　单击 6s 素材
右下角的⊕按钮

图 5-77　将"时
长"设置为 14s

图 5-78　时间线显示 2

3）导入素材。方法：在素材面板单击"媒体→本地"，然后在右侧单击"导入"按钮，导入网盘中的"源文件 \5.3　制作文字围绕水晶球转动的宣传视频 \ 中间素材 .mp4"，此时素材面板显示如图 5-79 所示。

4）将"中间素材 .mp4"拖入时间线，入点为 00:00:00:00，此时时间线显示如图 5-80 所示，效果如图 5-81 所示。

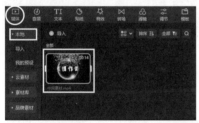
图 5-79　导入素材

图 5-80　时间线显示 3

图 5-81　画面效果

5）去除"中间素材 .mp4"中的黑色背景。方法：在时间线中选择"中间素材 .mp4"，然后在"画面"选项卡的"基础"子选项卡中将"混合模式"设置为"滤色"，如图 5-82 所示，此时"中间素材 .mp4"中的黑色背景就被去除了，效果如图 5-83 所示。

6）按空格键预览，效果如图 5-84 所示。

7）将彩色碎片限制在水晶球之内。方法：进入"画面"选项卡的"蒙版"子选项卡，然后选择◎（圆形）蒙版，再将蒙版"大小"设置为（750，750），如图 5-85 所示，效果如图 5-86 所示。接着按空格键进行预览，效果如图 5-87 所示。

图 5-82 将"混合模式"设置为"滤色"

图 5-83 去除"中间素材 .mp4"中的黑色背景效果

图 5-84 预览效果 2

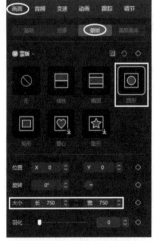

图 5-85 将蒙版"大小"设置为（750，750）

图 5-86 蒙版效果

图 5-87 预览效果 3

8）为了使画面美观，具有动感，下面在画面下方添加飞舞的蝴蝶效果。方法：在素材面板中单击"媒体→素材库"，然后在右侧搜索栏中输入"蝴蝶飞舞"，接着在下方选择 8s 的竖屏蝴蝶动画素材，如图 5-88 所示，将其拖入时间线，此时时间线显示如图 5-89 所示。

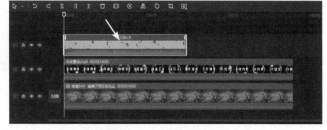

图 5-88　选择 8s 的竖屏蝴蝶动画素材　　　　图 5-89　时间线显示 4

9）将蝴蝶飞舞动画素材移到画面右下方，如图 5-90 所示。

图 5-90　将蝴蝶飞舞动画素材移到画面右下方

10）此时蝴蝶飞舞动画素材持续时间过短，下面在"变速"选项卡的"常规变速"子选项卡中将"时长"设置为 14s（与其余素材等长），如图 5-91 所示，此时时间线显示如图 5-92 所示。

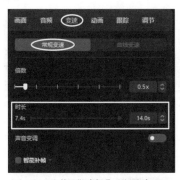

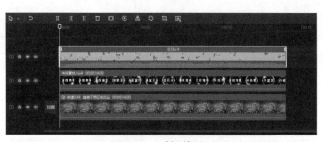

图 5-91　将"时长"设置为 14s　　　　图 5-92　时间线显示 5

11）去除蝴蝶飞舞素材背景中的绿色。方法：进入"画面"选项卡的"抠像"子选项卡，然后勾选"色度抠图"复选框，再单击"取色器"后面的 ▨（吸管）工具，接着在蝴蝶飞舞动画素材背景中的绿色位置单击，从而吸取颜色，再将"强度"数值设置为 100，如图 5-93 所示，即可去除蝴蝶飞舞素材背景中的绿色，效果如图 5-94 所示。

图 5-93　将"强度"数值设置为 100

图 5-94　去除蝴蝶飞舞素材背景中的绿色

12）此时蝴蝶飞舞素材背景中的绿色虽然被去除了，但是上方还有多余的黑色，下面就来去除蝴蝶飞舞素材背景中上方多余的黑色。方法：在"画面"选项卡的"蒙版"子选项卡中选择　（矩形）蒙版，然后在画面中调整蒙版大小和位置，从而去除多余的黑色，如图 5-95 所示。

图 5-95　去除多余的黑色

13）按空格键预览，效果如图 5-96 所示。

图 5-96　预览效果 4

14）此时背景音乐与整个画面内容并不匹配，下面给整个场景添加一个新的背景音乐。方法：在时间线中单击蝴蝶飞舞绿屏素材前面的　按钮，切换为　状态，从而关闭蝴蝶飞舞绿屏素材的原声。然后在素材面板中单击"音频→音乐素材"，再在右侧搜索栏中输入"小溪流水音乐"，接着在下方选择"小溪流水音乐"，如图 5-97 所示，再将其拖入时间线，入点为 00:00:00:00，最后通过拖动的方式将音乐的出点设置为与其余素材等长（也就是 00:00:14:00），此时时间线显示如图 5-98 所示。

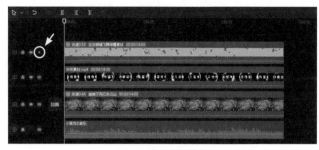

图 5-97　选择"小溪流水音乐"　　　　　　　图 5-98　时间线显示 6

15）按空格键进行预览。

5. 输出视频

1）在文件名称设置区中将文件名重命名为"文字围绕水晶球转动"，然后单击右上方的 导出 按钮，如图 5-99 所示。再在弹出的"导出"对话框中单击"导出至"后面的 📁 按钮，如图 5-100 所示，接着从弹出的"请选择导出路径"对话框中选择输出视频所在的文件夹，再单击 选择文件夹 按钮，如图 5-101 所示，回到"导出"对话框。最后单击 导出 按钮进行导出。

图 5-99　设置文件名后单击 导出 按钮

图 5-100　单击"导出至"后面的 📁 按钮　　图 5-101　单击 选择文件夹 按钮

2）当视频导出完成后，会显示图 5-102 所示的对话框，此时如果要将导出的视频发布到用户的"抖音"或"西瓜视频"账号上，单击 发布 按钮即可，如果不需要发布到网上，单击 关闭 按钮即可。

图 5-102　视频导出完成后的对话框

3）至此，"文字围绕水晶球转动.mp4"视频导出完毕。

5.4 制作照片定格转场效果

要点：

本例将制作一个照片定格转场效果，如图 5-103 所示。通过本例的学习，读者应掌握设置关键帧动画、定格、特效、转场的应用。

图 5-103 照片定格转场效果

操作步骤：

1）启动剪映专业版，然后单击"开始创作"按钮，新建一个草稿文件。

2）导入素材。方法：在素材面板中单击"导入"按钮，导入网盘中的"源文件\5.4 制作照片定格转场效果\素材 1.mp4～素材 5.mp4"，此时素材面板显示如图 5-104 所示。

3）将素材面板中的"素材 1.mp4"拖入时间线主轨道，然后单击主轨道前的 按钮，切换为 状态，从而关闭视频自带原声，如图 5-105 所示。

图 5-104 导入素材

图 5-105 将"素材 1.mp4"拖入时间线主轨道

4）按〈↓〉键，将时间定位在"素材 1.mp4"结束（也就是 00:00:05:00）的位置，然后在工具栏中单击 （定格）按钮，从而生成一个定格图片，此时时间线显示如图 5-106 所示。接着将时间定位在 00:00:04:00 的位置，将定格图片移动到主轨道上方轨道，入点为 00:00:04:00，出点为 00:00:06:00，此时时间线显示如图 5-107 所示。

图 5-106　生成一个定格图片 1

图 5-107　将定格图片移动到主轨道上方轨道，入点为 00:00:04:00，出点为 00:00:06:00

5）将素材面板中的"素材 2.mp4"拖入时间线主轨道"素材 1.mp4"的后面，然后按〈↓〉键，将时间定位在"素材 2.mp4"结束（也就是 00:00:10:00）的位置，接着在工具栏中单击■（定格）按钮，从而生成一个定格图片，此时时间线显示如图 5-108 所示。最后将时间定位在 00:00:09:00 的位置，将定格图片移动到主轨道上方轨道，入点为 00:00:09:00，出点为 00:00:11:00，此时时间线显示如图 5-109 所示。

图 5-108　生成一个定格图片 2

图 5-109　将定格图片移动到主轨道上方轨道，入点为 00:00:09:00，出点为 00:00:11:00

6）同理，将素材面板中的"素材 3.mp4"拖入时间线主轨道"素材 2.mp4"的后面，然后按〈↓〉键，将时间定位在"素材 3.mp4"结束（也就是 00:00:15:00）的位置，接着在工具栏中单击■（定格）按钮，从而生成一个定格图片，此时时间线显示如图 5-110 所示。最后将时间定位在 00:00:14:00 的位置，将定格图片移动到主轨道上方轨道，入点为 00:00:14:00，出点为 00:00:16:00，此时时间线显示如图 5-111 所示。

图 5-110　生成一个定格图片 3

图 5-111　将定格图片移动到主轨道上方轨道，入点为 00:00:14:00，出点为 00:00:16:00

7）同理，将素材面板中的"素材 4.mp4"拖入时间线主轨道"素材 3.mp4"的后面，然后按〈↓〉键，将时间定位在"素材 4.mp4"结束（也就是 00:00:20:00）的位置，接着在工具栏中单击 （定格）按钮，从而生成一个定格图片，此时时间线显示如图 5-112 所示。最后将时间定位在 00:00:19:00 的位置，将定格图片移动到主轨道上方轨道，入点为 00:00:19:00，出点为 00:00:21:00，此时时间线显示如图 5-113 所示。

图 5-112　生成一个定格图片 4

图 5-113　将定格图片移动到主轨道上方轨道，入点为 00:00:19:00，出点为 00:00:21:00

8）将素材面板中的"素材 5.mp4"拖入时间线主轨道"素材 4.mp4"的后面，此时时间线显示如图 5-114 所示。

图 5-114　将素材面板中的"素材 5.mp4"拖入时间线主轨道"素材 4.mp4"的后面

9）制作第 1 个定格图片逐渐缩小，并旋转向下逐渐移出画面的效果。方法：将时间定位在 00:00:04:15 的位置，然后选择第 1 个定格图片，再在"画面"选项卡的"基础"子选项卡中将"缩放"设置为 80%,并添加一个"位置大小"关键帧,如图 5-115 所示,效果如图 5-116 所示。接着将时间定位在 00:00:05:29 的位置(也就是定格图片结束的前一帧),再在"画面"选项卡的"基础"子选项卡中将"缩放"设置为 50%,"旋转"设置为 -20°,"位置"设置为(0,-2000),如图 5-117 所示,效果如图 5-118 所示。最后按空格键预览,就可以看到在 00:00:04:15 ~ 00:00:05:29,第 1 个定格图片逐渐缩小,并旋转向下逐渐移出画面的效果,如图 5-119 所示。

图 5-115 将"缩放"设置为 80%,
并添加一个"位置大小"关键帧

图 5-116 将"缩放"设置为 80% 的效果

图 5-117 在 00:00:05:29 设置第 1
个定格图片的"位置大小"参数

图 5-118 在 00:00:05:29 设置第 1 个定
格图片的"位置大小"参数后的效果

图 5-119 在 00:00:04:15 ~ 00:00:05:29,第 1 个定格图片逐渐缩小,并旋转向下逐渐移出画面的效果

10)给第 1 个定格图片添加边框效果。方法:在素材面板中单击"特效→边框",然后在右侧选择"粉黄渐变",如图 5-120 所示,再将其拖到时间线的第 1 个定格图片上,此时效果如图 5-121 所示,时间线显示如图 5-122 所示。

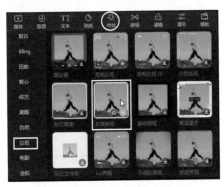
图 5-120 选择"粉黄渐变"

图 5-121 给第 1 个定格图片添加"粉黄渐变"边框的效果

图 5-122 时间线显示 1

11）在"素材 1.mp4"～"素材 4.mp4"之间添加叠化转场效果。方法：在素材面板中单击"转场→转场效果→叠化"，然后在右侧单击"叠化"右下角的 ⊕ 按钮，如图 5-123 所示，此时"素材 1.mp4"～"素材 2.mp4"之间就会添加一个"叠化"转场，如图 5-124 所示，接着按空格键预览，就可以看到"素材 1.mp4"～"素材 2.mp4"之间"叠化"转场效果了，如图 5-125 所示。最后在"转场"选项卡中单击"应用全部"按钮，如图 5-126 所示，即可在"素材 2.mp4"～"素材 4.mp4"之间也添加上"叠化"转场，此时时间线显示如图 5-127 所示。

图 5-123 单击"叠化"右下角的 ⊕ 按钮

图 5-124 在"素材 1.mp4"～"素材 2.mp4"之间添加"叠化"转场

图 5-125 "素材 1.mp4"～"素材 2.mp4"之间"叠化"转场效果

图 5-126　单击"应用全部"按钮　　图 5-127　在"素材 2.mp4"～"素材 4.mp4"之间添加"叠化"转场

12）在第 1 个定格图片前添加一种相机拍摄时由暗逐渐变亮、由模糊逐渐变清晰的特效。方法：在素材面板中单击"特效→画面特效→基础"，然后在右侧选择"变清晰"，如图 5-128 所示，接着将其拖入时间线，入点为 00:00:02:00，出点与第 1 个定格图片入点一致（也就是 00:00:04:00），此时时间线显示如图 5-129 所示。最后按空格键预览，就可以看到在第 1 个定格图片前会出现一种镜头拍摄时由暗逐渐变亮、由模糊逐渐变清晰的效果了，如图 5-130 所示。

图 5-128　选择"变清晰"　　　　　　图 5-129　时间线显示 2

图 5-130　在第 1 个定格图片前会出现一种镜头拍摄时由暗逐渐变亮、由模糊逐渐变清晰的效果

13）为了使拍照效果更加真实，下面在第 1 个定格图片前添加拍照声效。方法：在素材面板中单击"音频→音效素材→机械"，然后在右侧选择"拍照声 1"，如图 5-131 所示，接着将其拖入时间线，出点设置为 00:00:04:00，此时时间线显示如图 5-132 所示。最后按空格键预览，就可以听到相机拍摄时的拍照声效了。

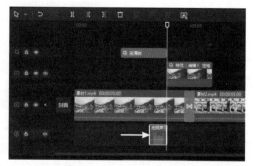

图 5-131　选择"拍照声 1"　　　　　图 5-132　将"拍照声 1"的出点设置为 00:00:04:00

14）同理，对第 2 个和第 3 个定格图片设置关键帧动画，然后在这两个定格图片上添加"边框"特效，接着在这两个素材前通过复制粘贴的方式添加"变清晰"特效和"拍照声 1"声效，具体步骤这里就不赘述了，此时时间线显示如图 5-133 所示。

图 5-133　时间线显示 3

15）给第 4 个定格图片添加出场动画。方法：在时间线中选择第 4 个定格图片，然后在"动画"选项卡的"出场"了选项卡中选择"旋转"，并将"动画时长"设置为 1s，如图 5-134 所示，接着按空格键预览，就可以看到第 4 个定格图片旋转出场效果了，如图 5-135 所示。

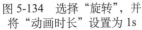

图 5-134　选择"旋转"，并
将"动画时长"设置为 1s

图 5-135　第 4 个定格图片旋转出场效果

16）给第 4 个定格图片添加边框效果。方法：在素材面板中单击"特效→边框"，然后在右侧选择"画展边框"，如图 5-136 所示，再将其拖到时间线的第 4 个定格图片上，此时时间线显示如图 5-137 所示，效果如图 5-138 所示。

图 5-136　选择"画展边框"

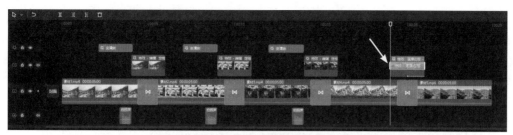

图 5-137 时间线显示 4

图 5-138 给第 4 个定格图片添加"画展边框"的效果

17）通过复制粘贴的方式在第 4 个定格图片前添加"变清晰"特效和"拍照声 1"声效，此时时间线显示如图 5-139 所示。

图 5-139 时间线显示 5

18）给视频添加背景音乐。方法：在素材面板中单击"音频→音乐素材"，然后在右侧搜索栏中输入"出国旅游"，接着在下方单击"出国旅游（纯音乐）"播放音乐，如图 5-140 所示，再将其拖入时间线，入点为 00:00:00:00，此时时间线显示如图 5-141 所示

图 5-140 单击"出国旅游（纯音乐）"播放音乐

图 5-141 时间线显示 6

19）去除多余的音乐。方法：利用拖动的方法去除音乐开始位置的静音，然后将整个音乐往前移动，入点为 00:00:00:00，接着将时间定位在 00:00:25:00 的位置（也就是视频结束的位置），在时间线上方工具栏中单击 （分割）按钮，将音乐素材一分为二，再按〈Delete〉键删除 00:00:25:00 之后的音乐，此时时间线显示如图 5-142 所示。

图 5-142　时间线显示 7

20）输出视频。方法：在文件名称设置区中将文件名重命名为"照片定格转场效果"，然后单击右上方的 按钮，如图 5-143 所示，接着在弹出的"导出"对话框中单击 按钮进行导出。

图 5-143　将文件名重命名为"照片定格转场效果"，单击 按钮

21）至此，"照片定格转场效果 .mp4"视频导出完毕。

5.5　课后练习

利用剪映自带素材制作一个照片定格转场效果。

第6章　滤镜和调色的应用

在电视节目及电影制作过程中，对素材进行调色是必不可少的环节。在剪映中可以通过"调节"面板和滤镜对素材进行调色，从而得到所需的色彩效果。通过本章学习，读者应掌握在剪映中利用"调节"面板和滤镜对素材进行调色的方法。

6.1　制作美食调色前后展示效果

6.1　制作美食调色前后展示效果

　要点：

本例将制作一个三种美食调色前后展示效果，如图 6-1 所示。通过本例的学习，读者应掌握利用"调节"选项卡对视频调色、蒙版和设置音乐的淡入淡出效果的应用。

图 6-1　美食调色前后展示效果

　操作步骤：

1. 制作"素材1.mp4"从左往右，从调色前逐渐过渡到调色后的效果

1）启动剪映专业版，然后单击"开始创作"按钮，新建一个草稿文件。

2）导入素材。方法：在素材面板单击"媒体→本地"，然后在右侧单击"导入"按钮，导入网盘中的"源文件 \6.1　制作美食调色前后展示效果 \ 素材 1.mp4 ～素材 3.mp4"，此时素材面板显示如图 6-2 所示。

3）将素材面板中的"素材 1.mp4"拖入时间线主轨道，如图 6-3 所示。

图 6-2　导入素材　　　　　　　　　图 6-3　将"素材 1.mp4"拖入时间线主轨道

4）对"素材 1.mp4"进行调色处理。方法：在"调节"选项卡的"基础"子选项卡中将"亮度"设置为 5，"对比度"设置为 50，"锐化"设置为 20，"色温"设置为 –20，"色调"设置为 30，"饱和度"设置为 20，如图 6-4 所示，效果如图 6-5 所示。

图 6-4　设置"素材 1.mp4"调色参数　　　　　图 6-5　对"素材 1.mp4"调色效果

5）在时间线中选择"素材 1.mp4"，然后按快捷键〈Ctrl+C〉进行复制，再将时间定位在 00:00:00:00 的位置，按快捷键〈Ctrl+V〉进行粘贴，此时时间线显示如图 6-6 所示，接着在"调节"选项卡的"基础"子选项卡中单击 （重置）按钮，从而恢复"素材 1.mp4"调色前的状态，效果如图 6-7 所示。

提示：将素材面板中的"素材1.mp4"拖入时间线也可以得到同样的效果。

图 6-6　时间线显示 1　　　　　图 6-7　恢复"素材 1.mp4"调色前的状态

6）在时间线中选择主轨道上方轨道的"素材 1.mp4"，然后在"画面"选项卡的"蒙版"子选项卡中选择 （线性）蒙版，如图 6-8 所示，效果如图 6-9 所示，接着将"旋转"设置为 90°，如图 6-10 所示，效果如图 6-11 所示。

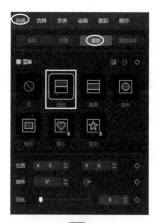

图 6-8　选择 ▣（线性）蒙版

图 6-9　▣（线性）蒙版效果 1

图 6-10　将"旋转"设置为 90°

图 6-11　将"旋转"设置为 90°的效果

7）将时间定位在 00:00:00:00 的位置，然后将线性蒙版移动到画面左侧，为了便于大家操作，此时在"画面"选项卡的"蒙版"子选项卡中将蒙版"位置"设置为（−960，0），并添加一个"位置"关键帧，如图 6-12 所示，效果如图 6-13 所示。接着将时间定位在 00:00:02:00 的位置，在"画面"选项卡的"蒙版"子选项卡中将蒙版"位置"设置为（960，0），如图 6-14 所示，此时线性蒙版就被移动到画面右侧了，如图 6-15 所示。

图 6-12　在 00:00:00:00 的位置将蒙版"位置"设置为（−960，0），并添加"位置"关键帧

图 6-13　在 00:00:00:00 的位置将线性蒙版移动到画面左侧

图 6-14　在 00:00:02:00 的位置将蒙版"位置"
设置为（960，0），并添加"位置"关键帧

图 6-15　在 00:00:02:00 的位置将
线性蒙版移动到画面右侧

8）按空格键预览，就可以看到"素材 1.mp4"从左往右，从调色前逐渐过渡到调色后的效果了，如图 6-16 所示。

图 6-16　预览效果 1

2. 制作"素材2.mp4"从上往下，从调色前逐渐过渡到调色后的效果

1）将素材面板中的"素材 2.mp4"拖入时间线主轨道，然后将时间定位在"素材 2.mp4"所在的位置，如图 6-17 所示。

2）对"素材 2.mp4"进行调色处理。方法：在"调节"选项卡的"基础"子选项卡中将"对比度"设置为 30，"锐化"设置为 20，"色调"设置为 20，"饱和度"设置为 20，如图 6-18 所示，效果如图 6-19 所示。

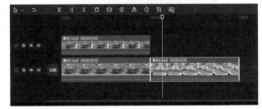

图 6-17　将时间定位在"素材 2.mp4"所在的位置

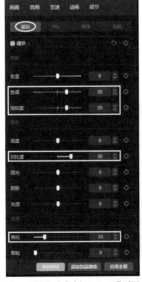

图 6-18　设置"素材 2.mp4"调色参数

图 6-19　对"素材 2.mp4"调色效果

3）在时间线中选择"素材 2.mp4"，然后按快捷键〈Ctrl+C〉进行复制，再将时间定位在"素材 2.mp4"的起始位置（也就是 00:00:03:00 的位置），按快捷键〈Ctrl+V〉进行粘贴，此时时间线显示如图 6-20 所示，接着在"调节"选项卡的"基础"子选项卡中单击 ⟳（重置）按钮，从而恢复"素材 2.mp4"调色前的状态，效果如图 6-21 所示。

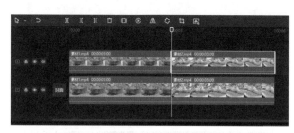

图 6-20　时间线显示 2　　　　图 6-21　恢复"素材 2.mp4"调色前的状态

4）在时间线中选择主轨道上方轨道的"素材 2.mp4"，然后在"画面"选项卡的"蒙版"子选项卡选择 ▤（线性）蒙版，再单击 ▣（反转）按钮，如图 6-22 所示，效果如图 6-23 所示。

图 6-22　选择 ▤（线性）蒙版，再单击 ▣（反转）按钮　　　图 6-23　▤（线性）蒙版效果 2

5）将时间定位在 00:00:03:00 的位置，然后将线性蒙版移动到画面顶部，为了便于大家操作，此时在"画面"选项卡的"蒙版"子选项卡中将蒙版"位置"设置为（0，550），并添加一个"位置"关键帧，如图 6-24 所示，效果如图 6-25 所示。接着将时间定位在 00:00:05:00 的位置，在"画面"选项卡的"蒙版"子选项卡中将蒙版"位置"设置为（0，-550），如图 6-26 所示，此时线性蒙版就被移动到画面底部了，如图 6-27 所示。

图 6-24 在 00:00:03:00 的位置将蒙版"位置"　　　　图 6-25 在 00:00:03:00 的位置
设置为 (0，550)，并添加"位置"关键帧　　　　　将蒙版移动到画面顶部

图 6-26 在 00:00:05:00 的位置将蒙版"位置"　　　　图 6-27 在 00:00:05:00 的位置
设置为 (0，−550)，并添加"位置"关键帧　　　　　将蒙版移动到画面底部

6）按空格键预览，就可以看到从上往下，"素材 2.mp4"从调色前逐渐过渡到调色后的效果了，如图 6-28 所示。

图 6-28 预览效果 2

3. 制作"素材3.mp4"从左往右，从调色前逐渐过渡到调色后的效果

1）将素材面板中的"素材 3.mp4"拖入时间线主轨道，然后将时间定位在"素材 3.mp4"所在的位置，如图 6-29 所示。

2）对"素材 3.mp4"进行调色处理。方法：在"调节"选项卡的"基础"子选项卡中将"对比度"设置为 20，"锐化"设置为 30，"色温"设置为 30，"饱和度"设置为 10，如图 6-30 所示，效果如图 6-31 所示。

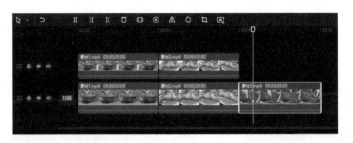

图 6-29　将时间定位在"素材 3.mp4"所在的位置

图 6-30　设置"素材 3.mp4"调色参数

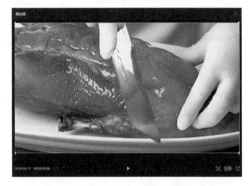

图 6-31　对"素材 3.mp4"调色效果

3）在时间线中选择"素材 3.mp4"，然后按快捷键〈Ctrl+C〉进行复制，再将时间定位在"素材 3.mp4"的起始位置（也就是 00:00:06:00 的位置），按快捷键〈Ctrl+V〉进行粘贴，此时时间线显示如图 6-32 所示，接着在"调节"选项卡的"基础"子选项卡中单击 🔄（重置）按钮，从而恢复"素材 3.mp4"调色前的状态，效果如图 6-33 所示。

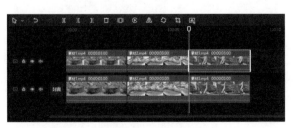

图 6-32　时间线显示 3

图 6-33　恢复"素材 3.mp4"调色前的状态

4）在时间线中选择主轨道上方轨道的"素材 3.mp4",然后在"画面"选项卡的"蒙版"子选项卡选择▤（线性）蒙版，并将"旋转"设置为 90°,如图 6-34 所示，效果如图 6-35 所示。

图 6-34　选择▤（线性）蒙版，
并将"旋转"设置为 90°

图 6-35　选择▤（线性）蒙版，并
将"旋转"设置为 90°的效果

5）将时间定位在 00:00:06:00 的位置，然后将线性蒙版移动到画面左侧，为了便于大家操作，此时在"画面"选项卡的"蒙版"子选项卡中将蒙版"位置"设置为（-960,0),并添加一个"位置"关键帧，如图 6-36 所示，效果如图 6-37 所示。接着将时间定位在 00:00:08:00 的位置，在"画面"选项卡的"蒙版"子选项卡中将蒙版"位置"设置为（960,0),如图 6-38 所示，此时线性蒙版就被移动到画面右侧了，如图 6-39 所示。

6）按空格键预览，就可以看到"素材 3.mp4"从左往右，从调色前逐渐过渡到调色后的效果了，如图 6-40 所示。

图 6-36　在 00:00:06:00 的位置将蒙版"位置"
设置为（-960,0),并添加"位置"关键帧

图 6-37　在 00:00:06:00 的位置将
线性蒙版移动到画面左侧

图 6-38　在 00:00:08:00 的位置将蒙版"位置" 设置为 (960, 0)，并添加"位置"关键帧

图 6-39　在 00:00:08:00 的位置将 线性蒙版移动到画面右侧

图 6-40　预览效果 3

4. 添加背景音乐和输出视频

1）将时间定位在 00:00:00:00 的位置，然后在素材面板中单击"音频→音乐素材"，再在右侧搜索栏中输入"轻松音乐做美食"，接着单击"轻松音乐做美食"下方的 ⊕（添加到轨道）按钮，如图 6-41 所示，将其添加到时间线，如图 6-42 所示。

图 6-41　单击"轻松音乐做美食" 下方的 ⊕（添加到轨道）按钮

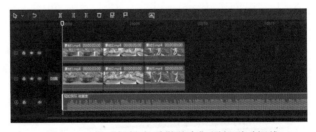

图 6-42　将"轻松音乐做美食"添加到时间线

2）此时音乐长度过长，下面去除多余部分的音乐。方法：将时间定位在 00:00:09:00 的位置（也就是视频结束的位置），然后在时间线上方工具栏中单击 ⫴（分割）按钮，将音乐素材一分为二，再按〈Delete〉键删除 00:00:09:00 之后的音乐，此时时间线显示如图 6-43 所示。

图 6-43　删除 00:00:09:00 之后的音乐

3）制作音乐的淡入淡出效果。方法：在时间线中选择"轻松音乐做美食"音乐，然后在"音频"选项卡的"基本"子选项卡中将"淡入时长"和"淡出时长"均设置为2s，如图6-44所示，此时时间线显示如图6-45所示。接着按键盘上的空格键进行预览，即可听到音乐在起始和结尾位置的十分自然的淡入淡出效果了。

图6-44 将"淡入时长"和
"淡出时长"均设置为2s

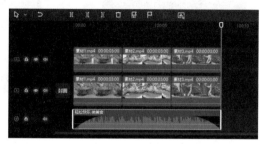

图6-45 时间线显示4

4）输出视频。方法：在文件名称设置区中将文件名重命名为"美食调色前后展示效果"，然后单击右上方的 📤导出 按钮，如图6-46所示，接着在弹出的"导出"对话框中单击 导出 按钮进行导出。

图6-46 将文件名重命名为"美食调色前后展示效果"，单击 📤导出 按钮

5）至此，"美食调色前后展示效果.mp4"视频导出完毕。

6.2 制作海边天空中飘动的云彩效果

 要点：

本例将制作海边天空中飘动的云彩效果，如图6-47所示。通过本例的学习，读者应掌握利用"调节"选项卡对视频调色、蒙版和设置音乐的淡出效果的应用。

图6-47 海边天空中飘动的云彩效果

操作步骤：

1）启动剪映专业版，然后单击"开始创作"按钮，新建一个草稿文件。

2）添加海边沙滩素材。方法：在素材面板单击"媒体→素材库"，然后在右侧搜索栏中输入"夏天海边蓝色海洋"，如图 6-48 所示，接着在下方选择 32s 的海边沙滩素材，将其拖入时间线主轨道，此时播放器显示效果如图 6-49 所示。

图 6-48　输入"夏天海边蓝色海洋"

图 6-49　播放器显示效果

3）调整海边沙滩素材的时间长度。方法：在"变速"选项卡的"常规变速"选项卡中将"时长"设置为 30s，如图 6-50 所示，此时时间线显示如图 6-51 所示。

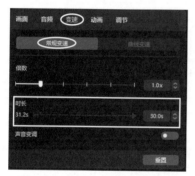

图 6-50　将"时长"设置为 30s

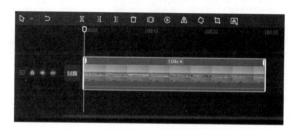

图 6-51　时间线显示 1

4）导入蓝天白云素材。方法：在素材面板中单击"媒体→本地"，然后在右侧单击"导入"按钮，导入网盘中的"源文件 \6.2　制作海边天空中飘动的云彩效果 \ 蓝天白云 .mp4"，此时素材面板显示如图 6-52 所示。

5）将素材面板中的"蓝天白云 .mp4"拖入时间线，入点为 00:00:00:00，如图 6-53 所示。

图 6-52　导入"蓝天白云 .mp4"

图 6-53　将"蓝天白云 .mp4"拖入
时间线，入点为 00:00:00:00

6）调整"蓝天白云 .mp4"素材的时间长度。方法：在"变速"选项卡的"常规变速"选项卡中将"时长"设置为 30s，如图 6-54 所示，此时时间线显示如图 6-55 所示。

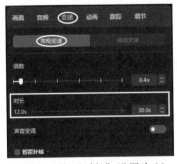

图 6-54 将"时长"设置为 30s　　　　图 6-55 时间线显示 2

7）在播放器面板中将"蓝天白云 .mp4"往上移动到海面天空的位置（为了便于操作，此时在"画面"选项卡的"基础"子选项卡中将"位置"数值设置为（0，1000），如图 6-56 所示），效果如图 6-57 所示。

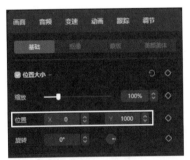

图 6-56 将"位置"数值设置为（0，1000）　图 6-57 将"蓝天白云 .mp4"移动到海面天空的位置的效果

8）在"画面"选项卡的"蒙版"子选项卡中选择▤（线性）蒙版，然后在播放器中将线性蒙版向下移动到合适位置（为了便于操作，此时在"画面"选项卡的"蒙版"子选项卡中将蒙版"位置"数值设置为（0，-500））。接着为了使蓝天白云与海边沙滩更好地融合在一起，再将"羽化"设置为 1，如图 6-58 所示，效果如图 6-59 所示。

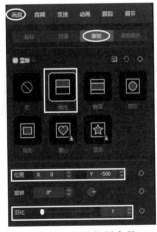

图 6-58 设置蒙版参数　　　　图 6-59 将蒙版"位置"数值设置为（0，-500）的效果

9）按空格键预览，就可以看到海面上空飘动的云彩效果了，如图 6-60 所示。

图 6-60　海面上空飘动的云彩效果

10）此时海边沙滩的素材颜色偏暗，下面在时间线中选择主轨道上的海边沙滩素材，然后在"调节"选项卡的"基础"子选项卡中将"亮度"加大到 15，如图 6-61 所示，此时海边沙滩的亮度就和蓝天白云的亮度一致了，效果如图 6-62 所示。

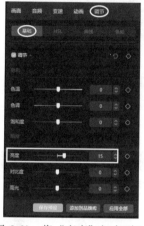

图 6-61　将"亮度"加大到 15　　　　　图 6-62　将"亮度"加大到 15 的效果

11）添加背景音乐。方法：将时间定位在 00:00:00:00 的位置，然后在素材面板中单击"音频→音乐素材"，再在右侧搜索栏中输入"海滩"，接着单击 3min52s"海滩"右下方的 ⊕（添加到轨道）按钮，如图 6-63 所示，将其添加到时间线，如图 6-64 所示。

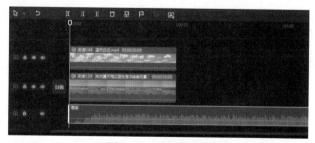

图 6-63　单击 3min52s"海滩"右　　　　图 6-64　时间线显示 3
下方的 ⊕（添加到轨道）按钮

12）此时音乐长度过长，下面去除多余部分的音乐。方法：将时间定位在 00:00:30:00 的位置（也就是视频结束的位置），然后在时间线上方工具栏中单击 ❙❙（分割）按钮，将音乐素材一分为二，再按〈Delete〉键删除 00:00:30:00 之后的音乐，此时时间线显示如图 6-65 所示。

13）制作音乐的淡出效果。方法：在时间线中选择"海滩"音乐，然后在"音频"选项卡的"基本"子选项卡中将"淡出时长"设置为 2s，如图 6-66 所示。接着按键盘上的空格键进行预览，即可听到音乐在结尾位置的十分自然的淡出效果了。

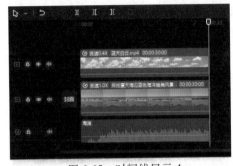
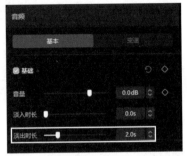

图 6-65　时间线显示 4　　　　　　图 6-66　将"淡出时长"设置为 2s

14）输出视频。方法：在文件名称设置区中将文件名重命名为"海边天空中飘动的云彩效果"，然后单击右上方的 [导出] 按钮，如图 6-67 所示，接着在弹出的"导出"对话框中单击 [导出] 按钮进行导出。

图 6-67　将文件名重命名为"海边天空中飘动的云彩效果"，单击 [导出] 按钮

15）至此，"海边天空中飘动的云彩效果 .mp4"视频导出完毕。

6.3　制作百叶窗视频效果

要点：

本例将制作影视中常见的百叶窗视频效果，如图 6-68 所示。通过本例的学习，读者应掌握利用滤镜对视频调色、蒙版和设置音乐的淡出效果的应用。

6.3　制作百叶窗视频效果

图 6-68　百叶窗视频效果

操作步骤：

1. 制作5组素材从左往右依次出现的效果

1）启动剪映专业版，然后单击"开始创作"按钮，新建一个草稿文件。

2）导入素材。方法：在素材面板中单击"媒体→本地"，然后在右侧单击"导入"按钮，导入网盘中的"源文件 \6.3　制作百叶窗视频效果 \ 视频 1.mp4、视频 2.mp4、图片 1.jpg ～图片 3.jpg、背景音乐 .mp3"，此时素材面板显示如图 6-69 所示。

3）将素材面板中的"图片 1.jpg"拖入时间线主轨道，然后将其出点设置为00:00:02:00，如图 6-70 所示。

提示：之所以将"图片1.jpg"的出点设置为00:00:02:00，是为了与背景音乐2s一个节拍进行匹配。

图 6-69　导入素材

图 6-70　将"图片 1.jpg"的出点设置为 00:00:02:00

4）利用矩形蒙版将画面在水平方向上等分成 6 份。方法：进入"画面"选项卡的"蒙版"子选项卡，然后选择 （矩形）蒙版，并将矩形蒙版"大小"设置为（310，1080），如图 6-71所示，接着将其移动到画面左侧，效果如图 6-72 所示。

图 6-71　将矩形蒙版"大小"设置为（310，1080）

图 6-72　将矩形蒙版移动到画面左侧

5）在时间线中选择"图片 1.jpg"，然后将时间定位在 00:00:00:00 的位置，按快捷键〈Ctrl+C〉复制，接着按快捷键〈Ctrl+V〉5 次，从而在其余轨道粘贴出 5 个副本。

6）选择主轨道上方轨道粘贴后的"图片 1.jpg"素材，如图 6-73 所示，然后在"画面"选项卡的"蒙版"子选项卡中将蒙版"位置"的"X"的数值设置为 -482，如图 6-74 所示，效果如图 6-75 所示。同理，从下往上依次选择其余 3 个轨道上的"图片 1.jpg"素材，再将蒙版"位置"的"X"的数值分别设置为 -160、163、484。最后选择最上方轨道上的"图片 1.jpg"素材，将其移动到画面右侧，效果如图 6-76 所示。

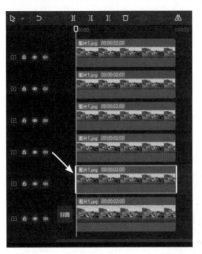

图 6-73　选择主轨道上方轨道
粘贴后的"图片 1.jpg"素材

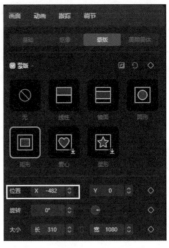

图 6-74　将"位置"的"X"的数值设置为 482

图 6-75　将"位置"的"X"的
数值设置为 -482 的效果

图 6-76　将最上方轨道的"图
片 1.jpg"素材移动到画面右侧

7）为了便于后面粘贴操作，下面在时间线中选择所有轨道上的"图片 1.jpg"素材，将它们往上移动一层，此时时间线显示如图 6-77 所示。

提示：时间线主轨道是空白的。

8）给时间线中每个"图片 1.jpg"素材添加不同的滤镜效果。方法:在素材面板中单击"滤镜→影视级"，然后在右侧选择"青橙"滤镜，如图 6-78 所示，接着将其拖到时间线最上方轨道的"图片 1.jpg"素材上，效果如图 6-79 所示。

9）同理，将"深褐""青黄""高饱和""琥珀"和"敦刻尔克"滤镜分别拖到时间线第 2 ～ 6 轨道上的"图片 1.jpg"素材上，效果如图 6-80 所示。

10）制作"图片 1.jpg"素材从左往右依次出现的效果。方法：在时间线中从下往上依次将第 2 ～ 6 轨道上的"图片 1.jpg"素材往后移动到 00:00:00:05、00:00:00:10、00:00:00:15、00:00:00:20 和 00:00:00:25 的位置，此时时间线显示如图 6-81 所示。

11）按空格键预览，就可以看到"图片 1.jpg"素材从左往右依次出现的效果了，如图 6-82 所示。

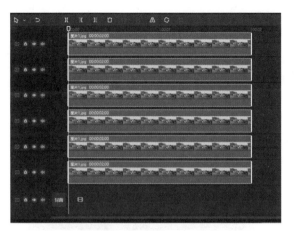

图 6-77　选择所有轨道上的"图片
1.jpg"素材，将它们往上移动一层

图 6-78　选择"青橙"滤镜

图 6-79　"青橙"滤镜效果

图 6-80　添加滤镜后的整体效果

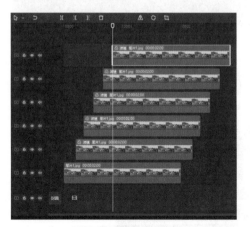

图 6-81　时间线显示 1

图 6-82　"图片 1.jpg"素材从
左往右依次出现的效果

12）选择最下面轨道上的"图片 1.jpg"素材，然后按快捷键〈Ctrl+C〉复制，再按键盘上的〈↓〉键，将时间定位在"图片 1.jpg"素材的结束位置，按快捷键〈Ctrl+V〉进行粘贴。接着在该轨道依次复制出 3 个"图片 1.jpg"素材，此时时间线显示如图 6-83 所示。

13）同理，分别将其余轨道上的"图片 1.jpg"素材也复制 4 份，此时时间线显示如图 6-84 所示。

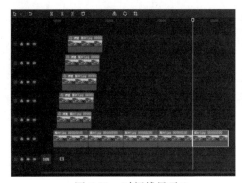 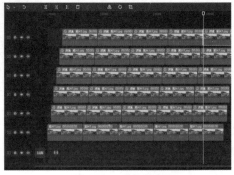

图 6-83　时间线显示 2　　　　　　　　图 6-84　时间线显示 3

14）替换第 2 组素材。方法：将素材面板中的"图片 2.jpg"拖到时间轴最上方轨道的第 2 个"图片 1.jpg"素材上，然后在弹出的图 6-85 所示的"替换"对话框中单击"替换片段"按钮。同理，替换其余轨道的第 2 个"图片 1.jpg"素材，此时时间线显示如图 6-86 所示。

 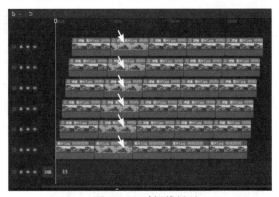

图 6-85　单击"替换片段"按钮　　　　图 6-86　时间线显示 4

15）同理，用素材面板中的"图片 3.jpg"替换时间线中的第 3 组"图片 1.jpg"素材，用素材面板中的"视频 1.mp4"替换时间线中的第 4 组"图片 1.jpg"素材，用素材面板中的"视频 2.mp4"替换时间线中的第 5 组"图片 1.jpg"素材，此时时间线显示如图 6-87 所示。

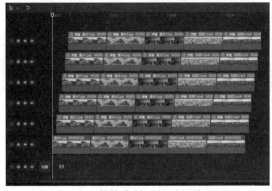

图 6-87　替换素材后的时间线显示

2. 给5组素材添加不同的动画效果

1）给第 1 组"图片 1.jpg"素材添加"向左下降"组合动画效果。方法：在时间线中选择最上方轨道的第 1 个"图片 1.jpg"素材，然后在"动画"选项卡的"组合"子选项卡中选择"向左下降"，如图 6-88 所示。接着按空格键预览，效果如图 6-89 所示。

图 6-88　选择"向左下降"　　　　　　　　图 6-89　"向左下降"组合动画效果

2）同理，给第 2 组"图片 2.jpg"素材添加"下降向左"组合动画，如图 6-90 所示。然后按空格键预览，效果如图 6-91 所示。

图 6-90　选择"下降向左"　　　　　　　　图 6-91　"下降向左"组合动画效果

3）同理，给第 3 组"图片 3.jpg"素材添加"向右甩入"入场动画，如图 6-92 所示，然后按空格键预览，效果如图 6-93 所示。

图 6-92　选择"向右甩入"　　　　　　　　图 6-93　"向右甩入"入场动画效果

4）同理，给第 4 组"视频 1.mp4"素材添加"向左滑动"出场动画，如图 6-94 所示，然后按空格键预览，效果如图 6-95 所示。

图 6-94　选择"向左滑动"

图 6-95　"向左滑动"出场动画效果

5）同理，给第 5 组"视频 2.mp4"素材添加"向右滑动"入场动画，并将"动画时长"设置为 1s，如图 6-96 所示，然后按空格键预览，效果如图 6-97 所示。

图 6-96　选择"向右滑动"

图 6-97　"向右滑动"入场动画效果

6）在时间线中将每个轨道最后一个素材的出点均设置为 00:00:10:00，如图 6-98 所示。

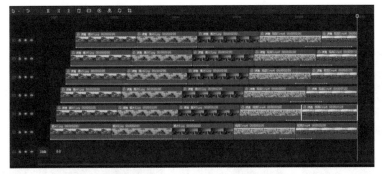

图 6-98　将每个轨道最后一个素材的出点均设置为 00:00:10:00

3. 添加背景音乐和输出视频

1）将素材面板中的"背景音乐 .mp3"拖入时间线，入点为 00:00:00:00。

2）制作音乐的淡出效果。方法：在时间线中选择"背景音乐 .mp3"音乐，然后在"音频"选项卡的"基本"子选项卡中将"淡出时长"设置为 1s，如图 6-99 所示，此时时间线显示如图 6-100 所示。接着按键盘上的空格键进行预览，即可听到音乐在结尾位置的十分自然的淡出效果了。

图 6-99　将"淡出时长"设置为 1s

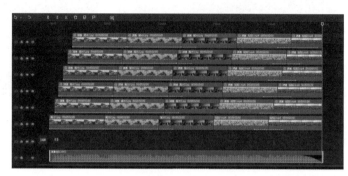

图 6-100　时间线显示 5

3）输出视频。方法：在文件名称设置区中将文件名重命名为"百叶窗视频效果"，然后单击右上方的 按钮，如图 6-101 所示，接着在弹出的"导出"对话框中单击 导出 按钮进行导出。

图 6-101　将文件名重命名为"百叶窗视频效果"

4）至此，"百叶窗视频效果 .mp4"视频导出完毕。

6.4　制作卡点视频效果

 要点：

本例将制作一个随着音乐节拍，视频不断更换滤镜效果的卡点视频效果，如图 6-102 所示。通过本例的学习，读者应掌握根据音乐节奏手动踩点、利用滤镜对视频校色、设置音乐的淡出效果和输出视频的应用。

图 6-102　卡点视频效果

 操作步骤：

1. 根据音乐的节奏添加手动踩点

1）启动剪映专业版，然后单击"开始创作"按钮，新建一个草稿文件。

2）导入素材。方法：在素材面板中单击"导入"按钮，导入网盘中的"源文件 \6.4　制作卡点视频效果\素材.mp4、卡点音乐.mp3",此时素材面板显示如图6-103所示。

3)将"素材1.mp4"拖入时间线,入点为00:00:00:00,此时时间线显示如图6-104所示。

图6-103 导入素材

图6-104 时间线显示1

4)根据音乐的节奏进行手动踩点。方法:放大时间线显示,然后将时间定位在第一个音频高点的位置(也就是00:00:00:25),接着在工具栏中单击按钮,即可添加一个手动踩点,如图6-105所示。同理,根据音乐的节奏分别将时间定位在00:00:04:14、00:00:05:05、00:00:06:13、00:00:07:18、00:00:10:00和00:00:11:11的位置添加其他手动踩点,此时时间线显示如图6-106所示。

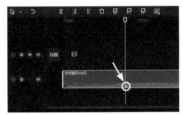

图6-105 在00:00:00:25的
位置添加手动踩点

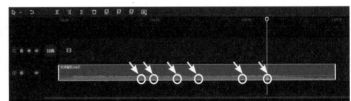

图6-106 根据音乐节奏添加其余手动踩点

5)按空格键预览,会发现音乐在结尾位置很突兀,不是很自然,下面通过给音乐添加淡出效果来解决这个问题。方法:选择时间线中的音乐,然后在"音频"选项卡的"基本"子选项中将"淡出时长"设置为2s,如图6-107所示,此时时间线显示如图6-108所示。接着按空格键预览,就可以听到音乐在结束位置的十分自然的淡出效果了。

图6-107 将"淡出时长"设置为2s

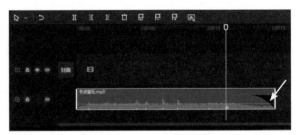

图6-108 时间线显示2

2. 根据踩点给视频添加不同滤镜效果

1)将素材面板中的"素材.mp4"拖入时间线主轨道,如图6-109所示,此时播放器显示效果如图6-110所示。

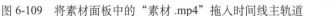

图 6-109　将素材面板中的"素材 .mp4"拖入时间线主轨道　　　图 6-110　播放器显示效果

2）在素材面板中单击"滤镜→滤镜库→黑白",然后在右侧选择"褪色",如图 6-111 所示,再将其拖入时间线,入点为 00:00:00:00,出点设置为第 1 个手动踩点的位置(也就是 00:00:00:25),此时时间线显示如图 6-112 所示。接着将时间定位在"褪色"滤镜的位置,就可以看到"褪色"滤镜效果了,如图 6-113 所示。

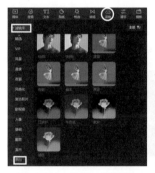
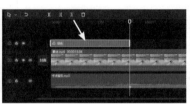

图 6-111　选择"褪色"　　图 6-112　将"褪色"滤镜拖入时间线　　图 6-113　"褪色"滤镜效果

3）同理,将"快照 I"滤镜拖入时间线,并放置到"褪色"滤镜后面,然后将出点设置为第 2 个手动踩点的位置(也就是 00:00:04:14),此时时间线显示如图 6-114 所示。接着将时间定位在"快照 I"滤镜的位置,就可以看到"快照 I"滤镜效果了,如图 6-115 所示。

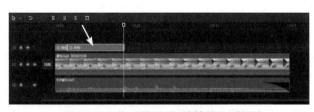

图 6-114　将"快照 I"滤镜拖入时间线　　　图 6-115　"快照 I"滤镜效果

4）同理,在素材面板左侧选择"夜景",然后在右侧选择"红绿",如图 6-116 所示,再将"红绿"滤镜拖入时间线,并放置到"快照 I"滤镜后面,接着将出点设置为第 3 个手动踩点的位置(也就是 00:00:05:05),此时时间线显示如图 6-117 所示。接着将时间定位在"红绿"滤镜的位置,就可以看到"红绿"滤镜效果了,如图 6-118 所示。

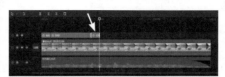

图 6-116　选择"红绿"　　　图 6-117　将"红绿"滤镜拖入时间线　　　图 6-118　"红绿"滤镜效果

5）同理，在素材面板左侧选择"影视级"，然后在右侧选择"青橙"，如图 6-119 所示，再将"青橙"滤镜拖入时间线，并放置到"红绿"滤镜后面，接着将出点设置为第 4 个手动踩点的位置（也就是 00:00:06:13），此时时间线显示如图 6-120 所示。接着将时间定位在"青橙"滤镜的位置，就可以看到"青橙"滤镜效果了，如图 6-121 所示。

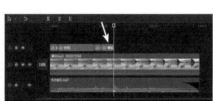

图 6-119　选择"青橙"　　　图 6-120　将"青橙"滤镜拖入时间线　　　图 6-121　"青橙"滤镜效果

6）同理，在素材面板左侧选择"风格化"，然后在右侧选择"绝对红"，如图 6-122 所示，再将"绝对红"滤镜拖入时间线，并放置到"青橙"滤镜后面，接着将出点设置为第 5 个手动踩点的位置（也就是 00:00:07:18），此时时间线显示如图 6-123 所示。接着将时间定位在"绝对红"滤镜的位置，就可以看到"绝对红"滤镜效果了，如图 6-124 所示。

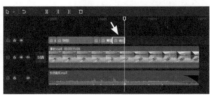

图 6-122　选择"绝对红"　　　图 6-123　将"绝对红"滤镜拖入时间线　　　图 6-124　"绝对红"滤镜效果

7）此时"绝对红"滤镜效果过深了，下面在"滤镜"选项卡中将"强度"减小为 50，如图 6-125 所示，效果如图 6-126 所示。

图 6-125　将"绝对红"滤镜"强度"减小为 50

图 6-126　将"绝对红"滤镜"强度"减小为 50 的效果

8）同理，在素材面板左侧选择"影视级"，然后在右侧选择"蓝灰"，如图 6-127 所示，再将"蓝灰"滤镜拖入时间线，并放置到"绝对红"滤镜后面，接着将出点设置为第 6 个手动踩点的位置（也就是 00:00:10:00），此时时间线显示如图 6-128 所示。接着将时间定位在"蓝灰"滤镜的位置，就可以看到"蓝灰"滤镜效果了，如图 6-129 所示。

图 6-127　选择"蓝灰"

图 6-128　将"蓝灰"滤镜拖入时间线

图 6-129　"蓝灰"滤镜效果

9）此时"蓝灰"滤镜效果过深了，下面在"滤镜"选项卡中将"强度"减小为 60，如图 6-130 所示，效果如图 6-131 所示。

图 6-130　将"蓝灰"滤镜"强度"减小为 60

图 6-131　将"蓝灰"滤镜"强度"减小为 60 的效果

10）同理，在素材面板右侧选择"独行侠"，如图 6-132 所示，再将"独行侠"滤镜拖入时间线，并放置到"蓝灰"滤镜后面，接着将出点设置为第 7 个手动踩点的位置（也就是 00:00:11:11），此时时间线显示如图 6-133 所示。接着将时间定位在"独行侠"滤镜的位置，就可以看到"独行侠"滤镜效果了，如图 6-134 所示。

图 6-132　选择"独行侠"　　　图 6-133　将"独行侠"滤镜拖入时间线　　图 6-134　"独行侠"滤镜效果

11）至此，卡点视频效果制作完毕。

12）输出视频。方法：在文件名称设置区中将文件名重命名为"卡点视频效果"，然后单击右上方的 导出 按钮，如图 6-135 所示，接着在弹出的"导出"对话框中单击 导出 按钮进行导出。

图 6-135　将文件名重命名为"卡点视频效果"，单击 导出 按钮

13）至此，"卡点视频效果 .mp4"视频导出完毕。

6.5　课后练习

利用剪映自带素材制作百叶窗视频效果。

第7章 音频和文本的应用

音频和文本是视频剪辑中不可缺少的两个元素。在剪映中可以对音频进行音量调整、设置淡入淡出效果等多种编辑操作，另外还可以添加各种文本并设置其相关参数。此外，剪映 AI（人工智能）方面的功能也十分强大，可以根据音乐中的歌词自动生成字幕效果、根据文字自动生成相关图片、根据文字模拟出不同人物的配音效果。通过本章学习，读者应掌握剪映中音频和文本的使用方法。

7.1 制作根据歌曲中的歌词自动生成字幕效果

7.1 制作根据歌曲中的歌词自动生成字幕效果

 要点：

本例将制作根据"奔跑"歌曲中的歌词自动生成字幕效果，如图7-1所示。通过本例的学习，读者应掌握"识别歌词"和"花字"样式的应用。

图 7-1 根据歌曲中的歌词自动生成字幕效果

操作步骤：

1）启动剪映专业版，然后单击"开始创作"按钮，新建一个草稿文件。

2）在素材面板中单击"音频→音乐素材"，然后在右侧搜索栏中输入"奔跑"，再在下方单击"奔跑（Cover 羽泉）（剪辑版）"音乐进行预览，如图7-2所示，接着将其拖入时间线，入点为 00:00:00:00，如图7-3所示。

图 7-2 单击"奔跑（Cover 羽泉）（剪辑版）"音乐进行预览

图 7-3 将音乐素材拖入时间线，入点为 00:00:00:00

3）在素材面板中单击"文本→识别歌词"，然后在右侧单击"开始识别"按钮，如图7-4所示，此时软件开始计算，会出现图7-5所示的歌词识别界面，当计算完成后，时间线中会根据音乐自动生成字幕，如图7-6所示。

图7-4 单击"开始识别"按钮 图7-5 歌词识别中的界面 图7-6 识别歌词后的时间线显示

4）按空格键预览，就可以看到根据歌曲中的歌词自动生成字幕效果了。

5）根据不同的字幕添加相应的视频。方法：在素材面板中单击"媒体→素材库"，然后在右侧搜索栏中输入"随风奔跑自由是方向"，再在下方选择9s人物奔跑素材，如图7-7所示，接着将其拖入时间线主轨道，并将出点设置为与第1个字幕的出点一致，此时时间线显示如图7-8所示。

图7-7 选择9s人物奔跑素材 图7-8 将人物奔跑素材的出点设置为与第1个字幕的出点一致

6）同理，在素材面板中单击"媒体→素材库"，然后在右侧搜索栏中输入"追逐雷和闪电的力量"，再在下方选择7s白天闪电素材，如图7-9所示，接着将其拖入时间线主轨道，并将出点设置为与第2个字幕的出点一致，此时时间线显示如图7-10所示。

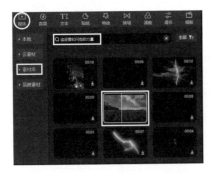 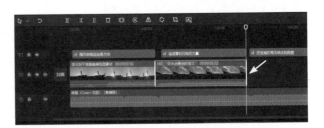

图7-9 选择7s白天闪电素材 图7-10 选择7s白天闪电素材后的时间线显示

7）同理，在素材面板搜索栏中分别输入"把浩瀚的海洋装进我胸膛""即使再小的帆也能远航""随风飞翔有梦作翅膀"，如图 7-11 所示，再将它们拖入时间线，并将出点设置为与对应的字幕素材的出点一致，此时时间线显示如图 7-12 所示。

图 7-11　选择不同素材

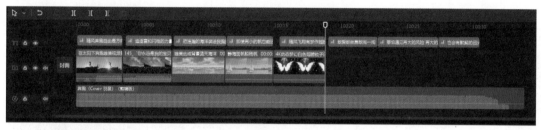

图 7-12　时间线显示 1

8）同理，在素材面板搜索栏中输入"敢爱敢做勇敢闯一闯"，然后在下方选择 3s 的卡通人物素材，如图 7-13 所示，再将其拖入时间线，此时时间线显示如图 7-14 所示。

图 7-13　选择 3s 的卡通人物素材　　　　　图 7-14　时间线显示 2

9）此时卡通人物素材持续时间过短，下面在时间线中选择卡通人物素材，然后在"变速"选项卡的"常规变速"子选项卡中将"倍数"减小为 0.7x，如图 7-15 所示，此时卡通人物素材的持续时间就延长了，如图 7-16 所示。接着将卡通人物素材的出点设置为与"敢爱敢做勇敢闯一闯"字幕的出点一致，此时时间线显示如图 7-17 所示。

10）在素材面板搜索栏中输入"巨浪"，然后在下方选择 11s 的巨浪素材，如图 7-18 所示，再将其拖入时间线，并将出点设置为与"哪怕遇见再大的风险 再大的浪"字幕的出点一致，此时时间线显示如图 7-19 所示。

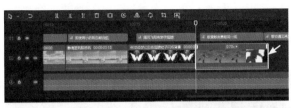

图 7-16　卡通人物素材的持续时间延长

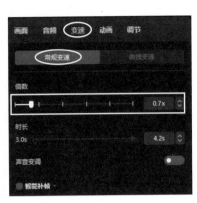

图 7-15　将"倍数"减小为 0.7x

图 7-17　将卡通人物素材的出点设置为与"敢爱敢做勇敢闯一闯"字幕的出点一致

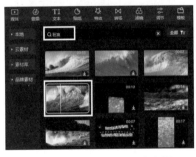

图 7-18　选择 11s 的巨浪素材

图 7-19　将巨浪素材的出点设置为与"哪怕遇见再大的风险再大的浪"字幕的出点一致

11）在素材面板搜索栏中输入"目光"，然后在下方选择 14s 的人的眼睛素材，如图 7-20 所示，再将其拖入时间线，接着将时间定位在 00:00:37:00 的位置，在工具栏中单击 ▌◀ （分割）按钮，将眼睛素材一分为二，如图 7-21 所示，再选择 00:00:37:00 之前的眼睛素材，按〈Delete〉键进行删除，此时时间线显示如图 7-22 所示。

图 7-21　在 00:00:37:00 的位置将眼睛素材一分为二

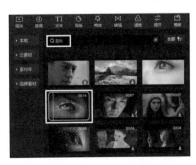

图 7-20　选择 14s 的人的眼睛素材

图 7-22　时间线显示 3

12) 关闭素材自带原声。方法：单击主轨道前的 🔊 按钮，切换为 🔇 状态，从而关闭视频自带原声，此时时间线显示如图 7-23 所示。

图 7-23 关闭素材自带原声

13) 按空格键预览，就可以看到随着字幕的变化视频同步变化的效果了，如图 7-24 所示。

图 7-24 随着字幕的变化视频同步变化的效果

14) 此时文字字幕有些单调，下面给不同的字幕添加不同的"花字"样式。方法：在时间线中将时间定位在第 1 个字幕的位置，然后选择第 1 个字幕，接着在"文本"选项卡的"花字"子选项卡中取消勾选"文本、排列、气泡、花字应用到全部歌词"复选框，再选择一种红黄线性填充的花字样式，如图 7-25 所示，此时播放器显示效果如图 7-26 所示。

图 7-25 选择一种红黄线性填充的花字样式　　　图 7-26 选择红黄线性填充的花字样式的效果

15) 同理，给其余字幕添加相应的"花字"样式，这里就不赘述了。

16) 输出视频。方法：在文件名称设置区中将文件名重命名为"根据歌曲的歌词自动生成字幕效果"，然后单击右上方的 ⬆导出 按钮，如图 7-27 所示。再在弹出的"导出"对话框中单击"导出至"后面的 🗀 按钮，如图 7-28 所示，接着从弹出的"请选择导出路径"对话框中选择输出视频所在的文件夹，再单击 选择文件夹 按钮，如图 7-29 所示，回到"导出"对话框。最后单击 导出 按钮进行导出。

图 7-27　将文件名重命名为"根据歌曲中的歌词自动生成字幕效果"，单击 按钮

图 7-28　单击"导出至"后面的 按钮　　　　图 7-29　单击 选择文件夹 按钮

17）当视频导出完成后，会显示图 7-30 所示的对话框，此时如果要将导出的视频发布到用户的"抖音"或"西瓜视频"账号上，单击 发布 按钮即可。如果不需要发布到网上，单击 关闭 按钮即可。

图 7-30　视频导出完成后的对话框

18）至此，"根据歌曲的歌词自动生成字幕效果.mp4"视频导出完毕。

7.2　制作图文成片效果

 要点：

本例将制作一个介绍剪映软件的图文成片效果，如图 7-31 所示。通过本例的学习，读者应掌握"图文成片"的应用。

7.2　制作图文成片效果

图 7-31　图文成片效果

操作步骤:

1) 启动剪映专业版, 然后单击"图文成片"按钮, 如图 7-32 所示, 打开"图文成片"对话框, 如图 7-33 所示。

图 7-32　单击"图文成片"按钮　　　　图 7-33　"图文成片"对话框

2) 打开网盘中的"源文件 \7.2　制作图文成片效果 \ 文字 .txt"文件, 如图 7-34 所示, 然后按快捷键〈Ctrl+A〉全选文字, 再按〈Ctrl+C〉进行复制, 接着回到"图文成片"对话框, 按〈Ctrl+V〉粘贴文字, 再将"朗读音色"设置为"古风男主", 单击"生成视频"按钮, 如图 7-35 所示。

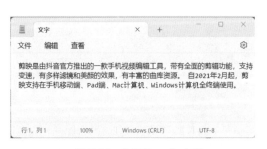

图 7-34　"文字 .txt"文件　　　　图 7-35　单击"生成视频"按钮

3) 此时软件开始计算, 会出现图 7-36 所示的视频生成界面, 当计算完成后, 会自动产生一个草稿文件, 如图 7-37 所示。

图 7-36　视频生成界面

图 7-37　自动产生一个草稿文件

4）按空格键预览，此时会发现最后两句文字使用的是同一个图片，而且软件自动产生的图片并不能与文字内容匹配，下面就来替换图片内容。方法：在时间线中按〈↓〉键，将时间定位在最后一行文字的开始位置（也就是 00:00:16:01），然后在时间线上方工具栏中单击 （分割）按钮，从而将最后一个图片的长度分为两段，如图 7-38 所示。

图 7-38　在 00:00:16:01 的位置将最后一个图片的长度分为两段

5）在素材面板中单击"媒体→素材库→收藏"，然后在右侧选择一个提前准备好的素材，如图 7-39 所示，接着将其拖入时间线面板的主轨道最后一个图片素材上，再在弹出的"替换"对话框中单击"替换片段"按钮，如图 7-40 所示，此时最后一个图片就被替换了，时间线显示如图 7-41 所示。

图 7-39 选择一个素材

图 7-40 单击"替换片段"按钮

图 7-41 时间线显示

6）同理，用提前收藏好的其余素材来替换时间线中的相关图片。具体步骤请参见二维码视频"7.2 制作图文成片效果"，替换图片后的时间线显示如图 7-42 所示。

图 7-42 替换图片后的时间线显示

7）按空格键进行预览。

8）输出视频。方法：在文件名称设置区中将文件名重命名为"图文成片效果"，然后单击右上方的 导出 按钮，如图 7-43 所示。再在弹出的"导出"对话框中单击"导出至"后面的 按钮，如图 7-44 所示，接着从弹出的"请选择导出路径"对话框中选择输出视频所在的文件夹，再单击 选择文件夹 按钮，如图 7-45 所示，回到 "导出" 对话框。最后单击 导出 按钮进行导出。

图 7-43　将文件名重命名后单击 导出 按钮

图 7-44　单击 "导出至" 后面的 按钮

图 7-45　单击 选择文件夹 按钮

9）当视频导出完成后，会显示图 7-46 所示的对话框，此时如果要将导出的视频发布到用户的 "抖音" 或 "西瓜视频" 账号上，单击 发布 按钮即可。如果不需要发布到网上，单击 关闭 按钮即可。

图 7-46　视频导出完成后的对话框

10）至此，"图文成片效果.mp4" 视频导出完毕。

7.3　制作水墨和多边形开场效果

7.3　制作水墨和多边形开场效果

　要点：

本例将制作一个水墨和多边形开场效果，如图 7-47 所示。通过本例的学习，读者应掌握创建文本并设置文字入场和出场动画、利用混合模式去除白色或白色背景、添加素材之间的转场、剪辑和设置音乐的淡出效果、输出视频的应用。

图 7-47　水墨和多边形开场效果

 操作步骤：

1．制作水墨开场效果

1）启动剪映专业版，然后单击"开始创作"按钮，新建一个草稿文件。

2）添加背景视频。方法：在素材面板中单击"媒体→素材库"，然后在右侧搜索栏中输入"春天的水景"，接着在下方单击一个视频，即可在播放器面板中进行预览，如图 7-48 所示。

图 7-48　选择一个视频并单击预览

3）将选择的春天素材拖入时间线面板的主轨道，并将素材的时长设置为 7s，如图 7-49 所示。

图 7-49　将素材的时长设置为 7s

提示：将视频素材的时长设置为 7s 有两种方法，一种是直接在时间线中素材的结尾位置拖动鼠标，当播放器面板下方的时间显示为 00:00:07:00 时，如图 7-50 所示，松开鼠标，即可将素材的时长设置为 7s；另一种方法是选择时间线中的素材，然后在功能面板"变速"选项卡的"常规变速"子选项卡中将"时长"设置为 7s，如图 7-51 所示。

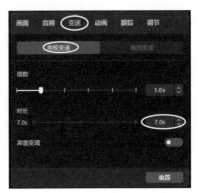

图 7-50　时间显示为 00:00:07:00　　　　　图 7-51　将"时长"设置为 7s

4）将时间定位在 00:00:01:00 的位置，然后在素材面板中单击"文本"，再单击"默认文本"右下角的 ⊕ 按钮，如图 7-52 所示，从而在时间线中添加一个默认文本，此时播放器面板的显示效果如图 7-53 所示。接着在功能面板的"基础"选项卡中将文本内容更改为"惬意的春天"，"字体"设置为"毛笔体"，"字号"设置为 12，再在"花字"选项卡中选择一种样式，如图 7-54 所示，最后将文字移动到画面左上方，此时播放器面板显示效果如图 7-55 所示。

图 7-52　单击"默认文本"右下角的 ⊕ 按钮　　　　图 7-53　播放器面板的显示效果

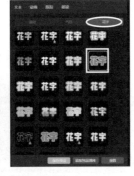

图 7-54　设置文本参数　　　　　　　　图 7-55　将文字移动到画面左上方

5）在时间线文字素材的结尾位置拖动鼠标，将文字素材的出点也设置为 00:00:07:00，如图 7-56 所示。

6）设置文字的入场和出场动画。方法：在功能面板"动画"选项卡的"入场"子选项卡中选择"羽化向右擦开"，并将"动画时长"设置为 2s，如图 7-57 所示。然后在"出场"子选项卡中选择"渐隐"，并将"动画时长"也设置为 2s，如图 7-58 所示。

图 7-56 将文字素材的出点设置为 00:00:07:00

图 7-57 将"入场"设置为"羽化向右
擦开",并将"动画时长"设置为 2s

图 7-58 将"出场"设置为"渐隐",
并将"动画时长"也设置为 2s

7）按键盘上的空格键进行预览，就可以看到文字开始以羽化向右擦开的方式逐渐出现，最后以渐隐的方式逐渐消失的效果了，如图 7-59 所示。

图 7-59 文字开始以羽化向右擦开的方式逐渐出现，最后以渐隐的方式逐渐消失的效果

8）添加水墨转场效果。方法：在素材面板中单击"媒体→素材库"，然后在右侧搜索栏中输入"水墨转场"，接着在下方单击一个水墨转场视频，即可在播放器面板中进行预览，如图 7-60 所示。

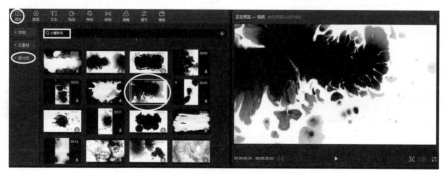

图 7-60 选择一个水墨转场视频并单击预览

9）将选择的水墨转场视频拖入时间线，入点为 00:00:00:00，如图 7-61 所示。

图 7-61　将水墨转场视频拖入时间线

10）此时水墨转场的尺寸有些小，下面在播放器面板中将其适当放大，使其充满整个画面，如图 7-62 所示。

11）在时间线中将水墨转场视频的出点也设置为 00:00:07:00，如图 7-63 所示。

图 7-62　将水墨转场的尺寸
放大，使其充满整个画面

图 7-63　将水墨转场视频的出点也设置为 00:00:07:00

12）去除水墨转场视频中的黑色。方法：在功能面板"画面"选项卡的"基础"子选项卡中将"混合模式"设置为"变亮"，如图 7-64 所示，此时水墨转场视频中的黑色就被去除了，如图 7-65 所示。

图 7-64　将"混合模式"设置为"变亮"

图 7-65　去除水墨转场视频中黑色的效果

13）按键盘上的空格键进行预览，水墨开场效果如图 7-66 所示。

图 7-66 水墨开场效果

14）此时水墨视频播放速度过慢，下面在功能面板的"变速"选项卡中将"倍数"加大为 2.0，如图 7-67 所示。然后按键盘上的空格键进行预览，此时水墨视频播放速度就加快了一倍。

15）为了使水墨视频出场更加自然，下面给其添加一个出场动画。方法：在功能面板"动画"选项卡的"出场"子选项卡中选择"渐隐"，并将"动画时长"设置为 2s，如图 7-68 所示，然后按键盘上的空格键进行预览，此时水墨视频出场更加自然了，效果如图 7-69 所示。

图 7-67 将"倍数"加大为 2.0　　图 7-68 选择"渐隐"，并将"动画时长"设置为 2s

图 7-69 水墨视频出场的渐隐效果

16）至此，水墨开场效果制作完毕。

2. 制作多边形开场效果

1）在素材面板中单击"媒体→素材库"，然后在右侧搜索栏中输入"秋天"，接着在下方单击一个视频，即可在播放器面板中进行预览，如图 7-70 所示。

图 7-70 选择一个视频并单击预览

2）将选择的秋天素材拖入时间线面板的主轨道，如图 7-71 所示。

图 7-71　将选择的秋天素材拖入时间线面板的主轨道

3）此时秋天素材长度过长，下面删除多余的秋天素材。方法：将时间定位在 00:00:11:15 的位置，然后单击时间线上方工具栏中的 ▯◀ （分割）按钮，从而将秋天素材一分为二，接着按〈Delete〉键，删除 00:00:11:15 后的秋天素材，此时时间线显示如图 7-72 所示。

图 7-72　时间线显示 1

4）将时间定位在 00:00:09:00 的位置，然后在素材面板中单击"文本"，再单击"默认文本"右下角的 ⊕ 按钮，从而在时间线中添加一个默认文本。接着在功能面板的"基础"选项卡中将文本内容更改为"秋天的回忆"，"字体"设置为"追光体"，"字号"设置为 10，再在"花字"选项卡中选择一种黄色填充蓝白描边的样式，如图 7-73 所示，最后将文字移动到画面右下方，此时播放器面板的显示效果如图 7-74 所示。

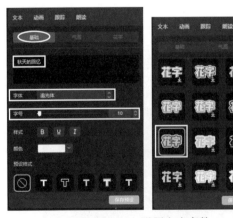

图 7-73　设置文本参数

图 7-74　播放器面板的显示效果

5）在时间线文字素材的结尾位置拖动鼠标，将文字素材的出点也设置为 00:00:11:15，此时时间线显示如图 7-75 所示。

图 7-75   时间线显示 2

6）设置文字的入场和出场动画。方法：在功能面板"动画"选项卡的"入场"子选项卡中选择"向下飞入"，并将"动画时长"设置为 2s，如图 7-76 所示。然后按键盘上的空格键进行预览，就可以看到文字的飞入效果了，如图 7-77 所示。

图 7-76   选择"向下飞入"，并将"动画时长"设置为 2s

图 7-77   文字的飞入效果

7）在第 2 段秋天视频前面添加多边形转场效果。方法：在素材面板中单击"媒体→素材库"，然后在右侧搜索栏中输入"多边形转场"，接着在下方单击一个多边形转场视频，即可在播放器面板中进行预览，如图 7-78 所示。

图 7-78   选择一个多边形转场视频并单击预览

8）将时间定位在 00:00:07:00 的位置，然后将多边形转场视频拖入时间线，入点为00:00:07:00，如图 7-79 所示。

图 7-79　将选择的多边形转场素材拖入时间线，入点为 00:00:07:00

9）去除多边形转场视频中的白色。方法：在功能面板"画面"选项卡的"基础"子选项卡中将"混合模式"设置为"变暗"，如图 7-80 所示，此时多边形转场视频中的白色就被去除了，如图 7-81 所示。

图 7-80　将"混合模式"设置为"变暗"

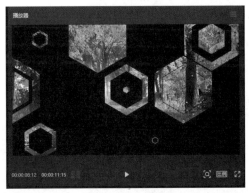

图 7-81　去除多边形转场视频中白色的效果

10）至此，多边形开场效果制作完毕。

3. 在视频之间添加转场效果

1）在素材面板中单击"转场→运镜"，然后在右侧单击"无限穿越 II"，如图 7-82 所示，在播放器面板中预览效果。

2）将"无限穿越 II"转场拖到主轨道两段视频素材之间，此时时间线显示如图 7-83 所示。

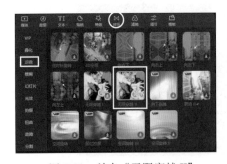

图 7-82　单击"无限穿越 II"

图 7-83　时间线显示 3

3）按键盘上的空格键进行预览，就可以看到两段视频素材之间的转场效果了，如图 7-84 所示。

图 7-84　转场效果

4. 添加背景音乐

1）在素材面板中单击"音频→音乐素材"，然后在右侧搜索栏中输入"秋蝉"，接着在下方单击"秋蝉（郭仪珍等）"音乐，如图 7-85 所示，播放音乐。

2）将"秋蝉"音乐拖入时间线，入点为 00:00:00:00。

3）去除"秋蝉"音乐前面的前奏部分。方法：将时间定位在 00:00:25:10 的位置，然后在时间线上方工具栏中单击 ▮▮（分割）按钮，将音乐素材一分为二，如图 7-86 所示。接着选择 00:00:25:10 前面的音乐素材，按〈Delete〉键删除，再将 00:00:25:10 后的音乐素材往前移动，入点为 00:00:00:00，此时时间线显示如图 7-87 所示。

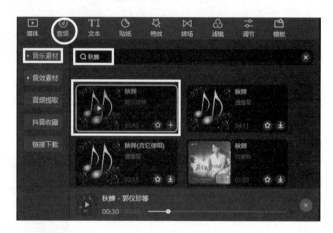

图 7-85　单击"秋蝉（郭仪珍等）"音乐

图 7-86　将音乐素材在 00:00:25:10 的位置一分为二

图 7-87　时间线显示 4

4) 去除"秋蝉"音乐后面多余的音频。方法：将时间定位在 00:00:11:15 的位置，单击 ▯▮（分割）按钮，从而将"秋蝉"音乐在 00:00:11:15 的位置一分为二，然后按〈Delete〉键删除 00:00:11:15 后多余的音乐素材，此时时间线显示如图 7-88 所示。

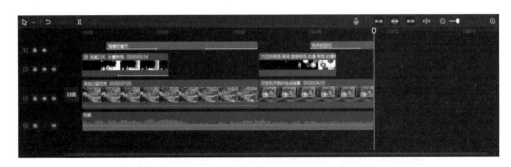

图 7-88　时间线显示 5

5) 制作音乐的淡出效果。方法：在时间线中选择"秋蝉"音乐，然后在功能面板"音频"选项卡的"基本"子选项卡中将"淡出时长"设置为 2s，如图 7-89 所示。接着按键盘上的空格键进行预览，即可听到音乐结尾位置的十分自然的淡出效果了。

图 7-89　将"淡出时长"设置为 2s

5. 输出视频

1) 在文件名称设置区中将文件名重命名为"水墨和多边形转场效果"，然后单击右上方的 ⬆导出 按钮，如图 7-90 所示。再在弹出的"导出"对话框中单击"导出至"后面的 ▭ 按钮，如图 7-91 所示，接着从弹出的"请选择导出路径"对话框中选择输出视频所在的文件夹，再单击 选择文件夹 按钮，如图 7-92 所示，回到"导出"对话框。最后单击 导出 按钮进行导出。

2) 当视频导出完成后，会显示图 7-93 所示的对话框，此时如果要将导出的视频发布到用户的"抖音"或"西瓜视频"账号上，单击 发布 按钮即可。如果不需要发布到网上，单击 关闭 按钮即可。

3) 至此，"水墨和多边形转场效果 .mp4"视频导出完毕。

图 7-90 将文件名重命名后单击 导出 按钮

图 7-91 单击"导出至"后面的 按钮

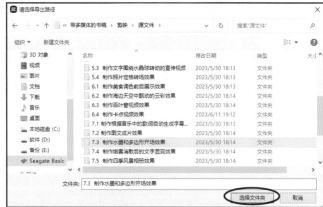

图 7-92 单击 选择文件夹 按钮

图 7-93 视频导出完成后的对话框

7.4 制作烟雾消散后的文字显现效果

 要点:

本例将制作一个烟雾消散后的文字显现效果,如图 7-94 所示。通过本例的学习,读者应掌握创建文本并设置文字入场和出场动画、利用混合模式去除黑色背景、剪辑和设置音乐的淡出效果、输出视频的应用。

7.4 制作烟雾消散后的文字显现效果

 操作步骤:

1. 添加背景视频

1)启动剪映专业版,然后单击"开始创作"按钮,新建一个草稿文件。

图 7-94　烟雾消散后的文字显现效果

2）添加背景视频。方法：在素材面板中单击"媒体→素材库"，然后在右侧搜索栏中输入"茶道"，接着在下方单击一个茶道视频，即可在播放器面板中进行预览，如图 7-95 所示。

图 7-95　选择一个茶道视频并单击预览

3）将选择的茶道素材拖入时间线面板的主轨道，并将素材的时长设置为 11s，如图 7-96 所示。

图 7-96　导入素材

提示：将视频素材的时长设置为 11s 有两种方法，一种是直接在时间线中素材的结尾位置拖动鼠标，当播放器面板下方的时间显示为 00:00:11:00，如图 7-97 所示，松开鼠标，即可将素材的时长设置为 11s；另一种方法是选择时间线中的素材，然后在功能面板"变速"选项卡中将"时长"设置为 11s，如图 7-98 所示。

图 7-97　时间显示为 00:00:11:00

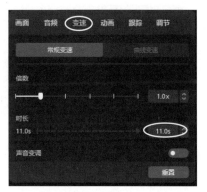

图 7-98　将"时长"设置为 11s

2. 添加文字

1）将时间定位在 00:00:01:00 的位置，然后在素材面板中单击"文本"，再单击"默认文本"右下角的 按钮，如图 7-99 所示，从而在时间线中添加一个默认文本，此时播放器面板的显示效果如图 7-100 所示。接着在功能面板的"基础"选项卡中将文本内容更改为"中国传统茶文化"，"字体"设置为"毛笔体"，"字号"设置为 20，并勾选"阴影"复选框，如图 7-101 所示，此时播放器面板的显示效果如图 7-102 所示。

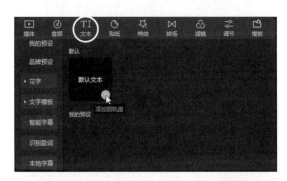

图 7-99　单击"默认文本"右下角的 按钮

图 7-100　播放器面板的显示效果 1

图 7-101　设置文本参数

图 7-102　播放器面板的显示效果 2

2）在时间线文字素材的结尾位置拖动鼠标，将文字素材的出点设置为 00:00:07:00，如图 7-103 所示。

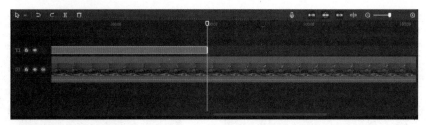

图 7-103　将文字素材的出点设置为 00:00:07:00

3）设置文字的入场和出场动画。方法：在功能面板"动画"选项卡的"入场"子选项卡中选择"溶解"，并将"动画时长"设置为 1s，如图 7-104 所示。然后在"出场"子选项卡中选择"渐隐"，并将"动画时长"也设置为 1s，如图 7-105 所示。

图 7-104　将"入场"设置为"溶解"，
并将"动画时长"设置为 1s

图 7-105　将"出场"设置为"渐隐"，
并将"动画时长"设置为 1s

4）按键盘上的空格键进行预览，就可以看到文字开始以溶解的方式逐渐出现，最后以渐隐的方式逐渐消失的效果了，如图 7-106 所示。

图 7-106　文字开始以溶解的方式逐渐出现，最后以渐隐的方式逐渐消失的效果

3. 制作消散粒子效果

1）在素材面板中单击"媒体→素材库"，然后在右侧搜索栏中输入"消散粒子"，接着

在下方单击一个粒子消散视频，即可在播放器面板中进行预览，如图 7-107 所示。

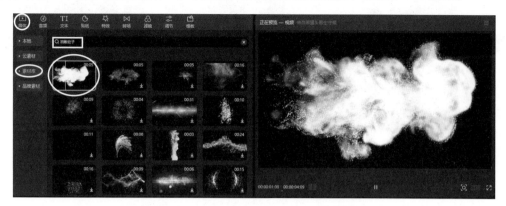

图 7-107　选择一个粒子消散视频并单击预览

2）将选择的"消散粒子"视频拖入时间线，入点为 00:00:00:00，如图 7-108 所示。

图 7-108　将"消散粒子"视频拖入时间线

3）去除"消散粒子"视频中的黑色背景。方法：在功能面板"画面"选项卡的"基础"子选项卡中将"混合模式"设置为"滤色"，如图 7-109 所示，此时"消散粒子"视频中的黑色背景就被去除了，效果如图 7-110 所示。

图 7-109　将"混合模式"设置为"滤色"　　图 7-110　去除"消散粒子"视频中的黑色背景的效果

4）按键盘上的空格键进行预览，烟雾消散后的文字显现效果如图 7-111 所示。

图 7-111　烟雾消散后的文字显现效果

4. 添加背景音乐

1）在素材面板中单击"音频→音乐素材"，然后在右侧搜索栏中输入"茶道"，接着在下方单击"茶道"，如图 7-112 所示，播放音乐。

2）将"茶道"音乐拖入时间线，入点为 00:00:00:00，如图 7-113 所示。

图 7-112　单击"茶道"　　　　图 7-113　将"茶道"音乐拖入时间线

3）此时按空格键预览，会发现"茶道"音乐在开始的低音部分有些长，与消散粒子出现的节奏不一致，下面将鼠标放在音乐起始位置然后往后拖动 15 帧，从而去除茶道开始的低音部分。然后将音乐素材整体往前移动，入点为 00:00:00:00，如图 7-114 所示。

图 7-114　去除茶道开始的低音部分，再将音乐素材整体往前移动，入点为 00:00:00:00

4）去除"茶道"音乐后面多余的音频。方法：将时间定位在 00:00:11:00 的位置，单击时间线上方工具栏中的▐▐（分割）按钮，从而将"茶道"音乐在 00:00:11:00 的位置一分为二，如图 7-115 所示。然后按〈Delete〉键删除后面多余的音乐素材，此时时间线显示如图 7-116 所示。

5）制作音乐的淡出效果。方法：在时间线中选择"茶道"音乐，然后在功能面板"基本"选项卡中将"淡出时长"设置为 2s，如图 7-117 所示。接着按键盘上的空格键进行预览，即可听到音乐结尾位置的十分自然的淡出效果了。

图 7-115　将"茶道"音乐在 00:00:11:00 的位置一分为二

图 7-116　删除多余的音乐素材后的时间线显示

图 7-117　将"淡出时长"设置为 2s

6）至此，烟雾消散后的文字显现效果制作完毕。

5. 输出视频

1）在文件名称设置区中将文件名重命名为"烟雾消散后的文字显现效果"，然后单击右上方的 导出 按钮，如图 7-118 所示。再在弹出的"导出"对话框中单击"导出至"后面的 按钮，如图 7-119 所示，接着从弹出的"请选择导出路径"对话框中选择输出视频所在的文件夹，再单击 选择文件夹 按钮，如图 7-120 所示，回到"导出"对话框。最后单击 导出 按钮进行导出。

图 7-118　将文件名重命名后单击 导出 按钮

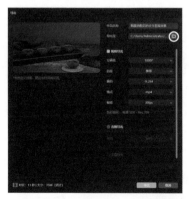

图 7-119　单击"导出至"后面的 按钮　　　　图 7-120　单击 选择文件夹 按钮

2）当视频导出完成后，会显示图 7-121 所示的对话框，此时如果要将导出的视频发布到用户的"抖音"或"西瓜视频"账号上，单击 发布 按钮即可。如果不需要发布到网上，单击 关闭 按钮即可。

图 7-121　视频导出完成后的对话框

3）至此，"烟雾消散后的文字显现效果 .mp4"视频导出完毕。

7.5　制作四季风景相册效果

7.5　制作四季
风景相册效果

　要点：

　　本例将制作一个四季风景相册效果，如图 7-122 所示。通过本例的学习，读者应掌握创建文本并设置花字效果、设置文本入场和出场动画、替换片段、转场、剪辑和设置音乐的淡出效果、输出视频的应用。

图 7-122　四季风景相册效果

　操作步骤：

1. 制作书页逐渐打开，静止一段时间后再逐渐闭合的效果

1）启动剪映专业版，然后单击"开始创作"按钮，新建一个草稿文件。

2）添加翻书视频。方法：在素材面板中单击"媒体→素材库"，然后在右侧搜索栏中输入"翻书"，接着在下方单击 16s 的翻书视频，如图 7-123 所示，在播放器面板中进行预览。

3）将 16s 的翻书视频拖入时间线的主轨道，然后单击主轨道前的 按钮，切换为 状态，从而关闭视频自带原声，此时时间线显示如图 7-124 所示。

图 7-123　单击 16s 的翻书视频进行预览

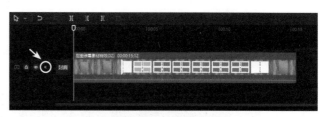

图 7-124　时间线显示 1

4）此时翻书画面有些小，下面适当放大翻书画面。方法：在时间线中选择翻书素材，然后在"画面"选项卡的"基础"子选项卡中将"缩放"设置为 110%，如图 7-125 所示，效果如图 7-126 所示。

图 7-125　将"缩放"设置为 110%

图 7-126　将"缩放"设置为 110% 的效果

5）去除翻书素材中多余的绿色片段。方法：分别将时间定位在 00:00:03:20（也就是书页完全翻开但又看不到任何绿色的位置）和 00:00:11:24（也就是书页开始关闭但又看不到任何绿色的位置），然后在工具栏中单击 （分割）按钮，从而将翻书素材在 00:00:03:20 和 00:00:11:24 的位置分隔开，此时时间线显示如图 7-127 所示。接着选择中间多余的带有绿色的翻书素材，按〈Delete〉键删除，此时时间线显示如图 7-128 所示。

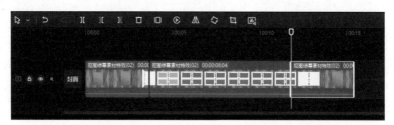

图 7-127　将翻书素材在 00:00:03:20 和 00:00:11:24 的位置分隔开

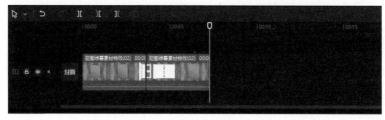

图 7-128　删除中间多余的带有绿色的翻书素材后的时间线显示

6）按空格键预览，会发现书页闭合的速度过快了，下面就来解决这个问题。方法：将时间定位在00:00:05:00的位置，然后在工具栏中单击 ▌◖ （分割）按钮，从而将翻书素材在00:00:05:00的位置一分为二。接着选择分割后前段的素材，如图7-129所示，在"变速"选项卡的"常规变速"选项卡中将"倍数"设置为0.7x，如图7-130所示，此时时间线显示如图7-131所示。最后按空格键预览，就可以看到书页闭合的速度变慢了。

图7-129　选择分割后前段的素材

图7-130　将"倍数"设置为0.7x

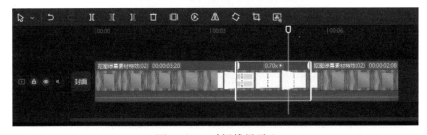

图7-131　时间线显示2

7）此时书页完全打开后静止时间过短，下面就来延长书页完全打开后的静止持续时间。方法：将时间定位在00:00:03:20的位置，然后在时间线中选择第1段翻书素材，如图7-132所示，再在工具栏中单击 ▣ （定格）按钮，从而生成一个静止的定格图片，此时时间线显示如图7-133所示，接着将定格图片的出点设置为00:00:15:00，此时时间线显示如图7-134所示。最后按空格键预览，就可以看到书页完全打开后会静止一段时间，然后再逐渐闭合的效果了。

图 7-132　选择第 1 段翻书素材

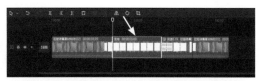

图 7-133　添加定格图片后的时间线显示

图 7-134　将定格图片的出点设置为 00:00:15:00 的时间线显示

2. 制作书页打开后右侧的春天视频和上方的诗词

1）在素材面板中单击"媒体→素材库"，然后在右侧搜索栏中输入"春天"，再在下方选择 12s 的春天素材，如图 7-135 所示，并将其拖入时间线。接着在播放器面板中将春天素材适当缩小，并放置到右侧书页下方（为了便于操作，此时在"画面"选项卡的"基础"子选项卡中将"缩放"设置为 35%，"位置"设置为（730，-375），如图 7-136 所示），效果如图 7-137 所示。

图 7-135　选择 12s 的春天素材

图 7-136　设置春天素材的参数

图 7-137　设置春天素材的参数后的效果

2）在时间线中将春天素材的入点设置为 00:00:02:13（也就是书页开始翻开的位置），此时时间线显示如图 7-138 所示。

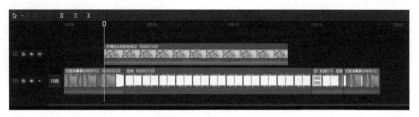

图 7-138　时间线显示 3

3）按空格键预览，会发现春天素材在书页还没有闭合时就消失了，如图 7-139 所示，这是错误的，下面就来解决这个问题。方法：在"变速"选项卡的"常规变速"子选项卡中将"倍数"设置为 0.7x，如图 7-140 所示，此时春天素材的持续时间就变长了，效果如图 7-141 所示，最后再将春天素材的出点设置为 00:00:16:22（也就是书页开始闭合到右侧的位置）。

图 7-139　春天素材在书页
还没有闭合时就消失了

图 7-140　将"倍数"设置为 0.7x

图 7-141　延长春天素材的持续时间后的效果

4）为了使春天素材显现和消失更加自然，下面给其添加淡入淡出效果。方法：在时间线中选择春天素材，然后在"动画"选项卡的"入场"子选项卡中选择"渐隐"，如图 7-142 所示，接着在"出场"子选项卡中也选择"渐隐"，并将入场和出场"动画时长"均设置为 0.6s，如图 7-143 所示。

图 7-142　在"入场"子
选项卡中选择"渐隐"

图 7-143　在"出场"子选项卡中选择"渐隐"，
并将入场和出场"动画时长"均设置为 0.6s

5）在时间线中单击春天素材轨道前的 ◀️ 按钮，切换为 █ 状态，从而关闭视频自带原声，如图 7-144 所示，然后按空格键预览，就可以看到书页逐渐翻开时春天素材逐渐显现，书页逐渐闭合时春天素材逐渐消失的效果了，如图 7-145 所示。

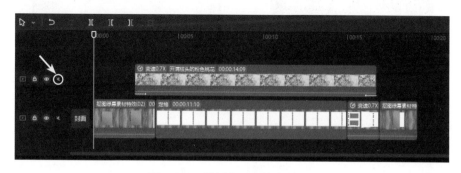

图 7-144　关闭春天素材自带原声

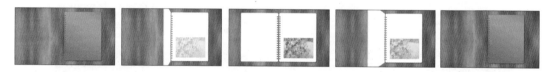

图 7-145　预览效果

6）在春天素材上方添加古诗词。方法：在素材面板中单击"文本"，然后在右侧单击"默认文本"右下角的 ⊕ 按钮，从而在时间线中添加一个默认文本。接着打开网盘中的"源文件 \7.5　制作四季风景相册效果 \ 文字 .txt"，再选择第 1 段文字，如图 7-146 所示，按快捷键〈Ctrl+C〉复制，最后回到剪映专业版，在"文本"选项卡的"基础"子选项卡中选择"默认文本"，再按快捷键〈Ctrl+V〉粘贴，如图 7-147 所示。

图 7-146　选择第 1 段文字

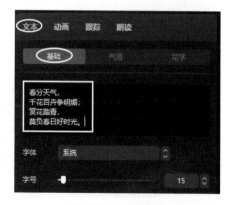

图 7-147　粘贴文字

7）给文字添加花字效果。方法：进入"文本"选项卡的"花字"子选项卡，然后选择一种白 - 黄色填充红色描边的花字样式，如图 7-148 所示，效果如图 7-149 所示。

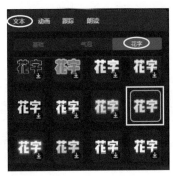

图 7-148　选择花字样式

图 7-149　花字效果

8）设置文字参数。方法：在"文本"选项卡的"基础"子选项卡中将文字"字号"设置为 5，"字间距"设置为 3，"行间距"设置为 15，然后将文字移动到春天素材上方（为了便于操作，此时将文字"位置"数值设置为（740，470），如图 7-150 所示），效果如图 7-151 所示。

9）在时间线中将文字的入点设置为 00:00:03:20（也就是书页完全打开的位置），出点设置为与春天素材等长，此时时间线显示如图 7-152 所示。

图 7-150　设置文字参数

图 7-151　设置文字参数后的效果

图 7-152　时间线显示 4

10）设置文字在书页完全翻开后逐个出现的效果。方法：在时间线中选择文字素材，然后在"动画"选项卡的"入场"子选项卡中选择"打字机 I"，如图 7-153 所示，接着按空格键预览，就可以看到文字在书页完全翻开后逐个出现的效果了，效果如图 7-154 所示。

图 7-153　选择"打字机 I"

图 7-154　文字逐个出现的效果

11）制作文字在书页闭合时的淡出效果。方法：在"动画"选项卡的"出场"子选项卡中选择"渐隐"，如图 7-155 所示，然后按空格键预览，就可以看到文字在书页闭合时的淡出效果了，如图 7-156 所示。

图 7-155　选择"渐隐"

图 7-156　文字淡出的效果

12）至此，书页打开后右侧的春天视频和上方的诗词效果制作完毕。

13）将制作好的视频进行输出。方法：在文件名称设置区中将文件名重命名为"春天"，然后单击右上方的 导出 按钮，如图 7-157 所示，接着在弹出的"导出"对话框中单击 导出 按钮进行导出。

图 7-157　将文件名重命名为"春天"，单击 导出 按钮

3. 制作书页打开后右侧的荷花视频和上方的诗词

1）在素材面板中单击"媒体→素材库"，然后在右侧搜索栏中输入"荷花"，再在下方选择 12s 的荷花素材，如图 7-158 所示，再将其拖入时间线的春天素材上。接着在弹出的图 7-159 所示的"替换"对话框中单击"替换片段"按钮，此时时间线显示如图 7-160 所示，效果如图 7-161 所示。

图 7-158　选择 12s 的荷花素材

图 7-159　单击"替换片段"按钮

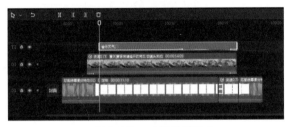

图 7-160　时间线显示 5

图 7-161　"替换片段"的效果

2）在播放器中将荷花素材移动到合适位置（为了便于操作，此时在"画面"选项卡的"基础"子选项卡中将"位置"设置为（800，-375），如图 7-162 所示），效果如图 7-163 所示。

图 7-162　将"位置"设置为(800,-375)

图 7-163　将荷花素材移动到合适位置

3）此时荷花素材尺寸过大，右侧超出了书页，下面通过线性蒙版来调整其显示区域，使其位于右侧书页下方。方法：在"画面"选项卡的"蒙版"子选项卡选择▤（线性）蒙版，然后将"旋转"设置为 -90°，蒙版"位置"设置为（500，0），如图 7-164 所示，效果如图 7-165 所示。

4）替换荷花素材上方的诗词。方法：打开网盘中的"源文件 \7.5　制作四季风景相册效果 \ 文字 .txt"，再选择第 2 段文字，如图 7-166 所示，按快捷键〈Ctrl+C〉复制，最后回到剪映专业版，在"文本"选项卡的"基础"子选项卡中选择文字内容，再按快捷键〈Ctrl+V〉粘贴，并将"字间距"设置为 5，如图 7-167 所示，效果如图 7-168 所示。

图 7-164　设置线性蒙版参数

图 7-165　利用线性蒙版来控制荷花素材的显示区域

图 7-166　选择第 2 段文字　　图 7-167　将"字间距"设置为 5　　图 7-168　粘贴文字后的效果

5）为了使文字颜色与荷花素材匹配，下面给文字添加一种新的花字效果。方法：进入"文本"选项卡的"花字"子选项卡，然后选择一种绿色的花字样式，如图 7-169 所示，效果如图 7-170 所示。

图 7-169　选择花字样式

图 7-170　选择花字样式后的效果

6）至此，书页打开后右侧的荷花视频和上方的诗词效果制作完毕。

7）将制作好的视频进行输出。方法：在文件名称设置区中将文件名重命名为"夏天"，然后单击右上方的 导出 按钮，如图 7-171 所示，接着在弹出的"导出"对话框中单击 导出 按钮进行导出。

图 7-171　将文件名重命名为"夏天"，单击 导出 按钮

4. 制作书页打开后右侧的枫叶视频和上方的诗词

1）在素材面板中单击"媒体→素材库"，然后在右侧搜索栏中输入"枫叶"，再在下方选择 31s 的枫叶素材，如图 7-172 所示，再将其拖入时间线的春天素材上。接着在弹出的图 7-173 所示的"替换"对话框中单击"替换片段"按钮，此时时间线显示如图 7-174 所示，效果如图 7-175 所示。

图 7-172　选择 31s 的枫叶素材

图 7-173　单击"替换片段"按钮

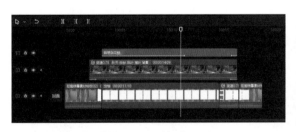

图 7-174　时间线显示 6

图 7-175　"替换片段"的效果

2）替换枫叶素材上方的诗词。方法：打开网盘中的"源文件 \7.5　制作四季风景相册效果 \ 文字 .txt"，再选择第 3 段文字，如图 7-176 所示，按快捷键〈Ctrl+C〉复制，最后回到剪映专业版，在"文本"选项卡的"基础"子选项卡中选择文字内容，再按快捷键〈Ctrl+V〉粘贴，并将"字间距"设置为 2，如图 7-177 所示，效果如图 7-178 所示。

图 7-176　选择第 3 段文字　　图 7-177　将"字间距"设置为 2　　图 7-178　粘贴文字后的效果

3）为了使文字颜色与枫叶素材匹配，下面给文字添加一种新的花字效果。方法：进入"文本"选项卡的"花字"子选项卡，然后选择一种红色填充黄色描边的花字样式，如图 7-179 所示，效果如图 7-180 所示。

图 7-179　选择花字样式　　　　　　图 7-180　选择花字样式后的效果

4）至此，书页打开后右侧的枫叶视频和上方的诗词效果制作完毕。

5）将制作好的视频进行输出。方法：在文件名称设置区中将文件名重命名为"秋天"，然后单击右上方的 导出 按钮，如图 7-181 所示，接着在弹出的"导出"对话框中单击 导出 按钮进行导出。

图 7-181　将文件名重命名为"秋天"，单击 导出 按钮

5. 制作书页打开后右侧的雪景视频和上方的诗词

1）在素材面板中单击"媒体→素材库"，然后在右侧搜索栏中输入"冬日雪景"，再在下方选择 21s 的雪景素材，如图 7-182 所示，再将其拖入时间线的春天素材上。接着在弹出

的图 7-183 所示的"替换"对话框中单击"替换片段"按钮,此时时间线显示如图 7-184 所示,效果如图 7-185 所示。

图 7-182　选择 21s 的雪景素材

图 7-183　单击"替换片段"按钮

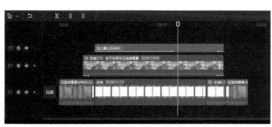

图 7-184　时间线显示 7

图 7-185　"替换片段"的效果

　　2)替换雪景素材上方的诗词。方法:打开网盘中的"源文件 \7.5　制作四季风景相册效果 \ 文字 .txt",再选择第 4 段文字,如图 7-186 所示,按快捷键〈Ctrl+C〉复制,最后回到剪映专业版,在"文本"选项卡的"基础"子选项卡中选择文字内容,再按快捷键〈Ctrl+V〉粘贴,并将"字间距"设置为 5,如图 7-187 所示,效果如图 7-188 所示。

图 7-186　选择第 4 段文字

图 7-187　将"字间距"设置为 5

图 7-188　粘贴文字后的效果

3）为了使文字颜色与枫叶素材匹配，下面给文字添加一种新的花字效果。方法：进入"文本"选项卡的"花字"子选项卡，然后选择一种黄色填充蓝色描边的花字样式，如图 7-189 所示，效果如图 7-190 所示。

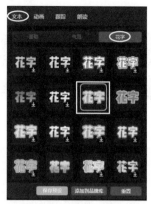

图 7-189　选择花字样式　　　　　　　　　　图 7-190　选择花字样式后的效果

4）至此，书页打开后右侧的雪景视频和上方的诗词效果制作完毕。

5）将制作好的视频进行输出。方法：在文件名称设置区中将文件名重命名为"冬天"，然后单击右上方的 导出 按钮，如图 7-191 所示，接着在弹出的"导出"对话框中单击 导出 按钮进行导出。

图 7-191　将文件名重命名为"冬天"，单击 导出 按钮

6. 将输出的四个视频合成为一个新的视频

1）执行菜单中的"菜单→文件→新建草稿"命令，新建一个草稿文件。

2）导入素材。方法：在素材面板单击"媒体→本地"，然后在右侧单击"导入"按钮，导入前面输出的网盘中的"源文件\7.5　制作四季风景相册效果\春天.mp4、夏天.mp4、秋天.mp4、冬天.mp4"，此时素材面板显示如图 7-192 所示。

3）将"春天.mp4""夏天.mp4""秋天.mp4"和"冬天.mp4"依次拖入时间线主轨道，此时时间线显示如图 7-193 所示。

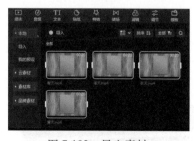

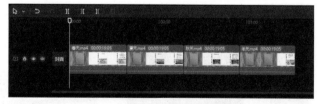

图 7-192　导入素材　　　　　　　　　　图 7-193　时间线显示 8

4）在"春天.mp4"和"夏天.mp4"之间添加"无限穿越 I"转场效果。方法：在素材面板中单击"转场→转场效果→运镜"，然后在右侧单击"无限穿越 I"右下方的 ⊕（添加到轨道）按钮，如图 7-194 所示，即可在"春天.mp4"和"夏天.mp4"之间添加"无限穿越 I"的转场效果，此时时间线显示如图 7-195 所示。接着拖动时间滑块观看"春天.mp4"

和"夏天.mp4"之间添加"无限穿越I"的转场效果，如图 7-196 所示。

图 7-194　单击"无限穿越I"右
下方的 ⊕（添加到轨道）按钮

图 7-195　时间线显示 9

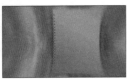

图 7-196　预览效果

5）在其余素材之间添加同样的"无限穿越I"转场效果。方法：在时间线中选择"无限穿越I"转场，然后在"转场"选项卡中单击"应用全部"按钮，如图 7-197 所示，此时时间线显示如图 7-198 所示。

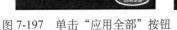

图 7-197　单击"应用全部"按钮

图 7-198　时间线显示 10

7. 添加背景音乐和输出视频

1）在素材面板中单击"音频→音乐素材"，然后在右侧搜索栏中输入"风景"，再在下方单击 1min47s 的"风景"音乐进行预览，如图 7-199 所示，接着将其拖入时间线，入点为 00:00:00:00，如图 7-200 所示。

图 7-199　单击 1min47s 的
"风景"音乐进行预览

图 7-200　将"风景"音乐拖入时间线，入点为 00:00:00:00

2）去除多余的音乐。方法：利用拖动的方法去除音乐开始位置的静音，然后将整个音乐往前移动，入点为 00:00:00:00，接着将时间定位在 00:01:16:20 的位置（也就是视频结束的位置），在时间线上方工具栏中单击 ▌▌（分割）按钮，将音乐素材一分为二，再按〈Delete〉键删除 00:01:16:20 之后的音乐，此时时间线显示如图 7-201 所示。

3）制作音乐的淡出效果。方法：在时间线中选择"风景"音乐，然后在功能面板"音频"选项卡的"基本"子选项卡中将"淡出时长"设置为 2s，如图 7-202 所示，接着按键盘上的空格键进行预览，即可听到音乐结尾位置的十分自然的淡出效果了。

图 7-201　去除多余音乐后的时间线显示　　　　图 7-202　将"淡出时长"设置为 2s

4）输出视频。方法：在文件名称设置区中将文件名重命名为"四季风景相册效果"，然后单击右上方的 按钮，如图 7-203 所示，接着在弹出的"导出"对话框中单击 按钮进行导出。

图 7-203　将文件名重命名为"四季风景相册效果"，单击 按钮

5）至此，"四季风景相册效果 .mp4"视频导出完毕。

7.6　制作根据教学视频中的讲解自动生成字幕效果

要点：

本例将制作根据教学视频中的讲解自动生成字幕效果，如图 7-204 所示。通过本例的学习，读者应掌握"智能字幕"的应用。

> 7.6　制作根据
> 教学视频中的
> 讲解自动生成
> 字幕效果

图 7-204　根据教学视频中的讲解自动生成字幕效果

操作步骤：

1）启动剪映专业版，然后单击"开始创作"按钮，新建一个草稿文件。

2）导入素材。方法：在素材面板单击"媒体→本地"，然后在右侧单击"导入"按钮，导入网盘中的"源文件\7.6　制作根据教学视频中的讲解自动生成字幕效果\素材.mp4"，此时素材面板显示如图 7-205 所示。

3）将素材面板中的"素材.mp4"拖入时间线主轨道，如图 7-206 所示。

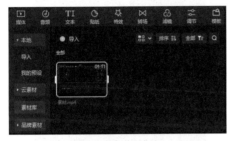
图 7-205　导入素材

图 7-206　将"素材.mp4"拖入时间线主轨道

4）在素材面板中单击"文本→智能字幕"，然后在右侧单击"识别字幕"下方的"开始识别"按钮，如图 7-207 所示，此时软件开始计算，会出现图 7-208 所示的字幕识别界面，当计算完成后，时间线中会根据教学视频中的讲解自动生成字幕，如图 7-209 所示，此时播放器显示效果如图 7-210 所示。

图 7-207　单击"识别字幕"下方的"开始识别"按钮

图 7-208　字幕识别界面

图 7-209　根据教学视频中的讲解自动生成字幕

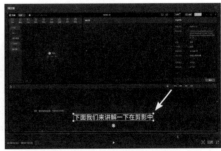
图 7-210　播放器显示效果

5）此时字幕明显偏上了，下面在"文本"选项卡的"基础"子选项卡中将"位置 Y"的数值设置为 −900，如图 7-211 所示，此时字幕位置就比较合适了，效果如图 7-212 所示。

图 7-211 将"位置 Y"的
数值设置为 −900

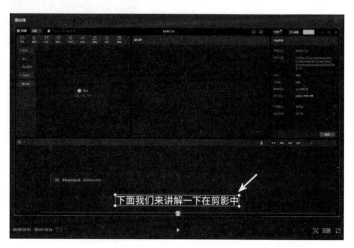

图 7-212 将字幕"位置 Y"的
数值设置为 −900 的效果

6）按空格键预览，此时会发现第 1 个字幕中出现了错别字"影"，如图 7-213 所示，下面就来修改错别字。方法：在"字幕"选项卡中选择第 1 个字幕中的"影"，然后将其更改为"映"，如图 7-214 所示，此时播放器中的字幕也会实时更新，如图 7-215 所示。

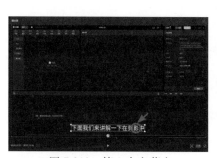

图 7-213 第 1 个字幕出
现了错别字"影"

图 7-214 将"影"
更改为"映"

图 7-215 播放器中的字
幕实时更新的效果 1

7）按空格键预览，会发现第 6 个字幕中出现了与讲解没有完全匹配的文字"入栏"，如图 7-216 所示，下面在"字幕"选项卡中选择第 6 个字幕中的"入栏"，然后将其更改为"行预览"，如图 7-217 所示，此时播放器中的字幕也会实时更新，如图 7-218 所示。

8）同理，对其余字幕中有错别字和出现与讲解没有完全匹配的文字进行修改。

9）按空格键进行预览。

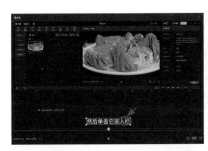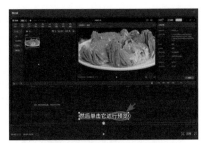

图 7-216　第 6 个字幕出现了与讲　　　图 7-217　将"入栏"　　　图 7-218　播放器中的字
解没有完全匹配的文字"入栏"　　　更改为"行预览"　　　幕实时更新的效果 2

10) 输出视频。方法：在文件名称设置区中将文件名重命名为"根据讲解自动生成字幕效果"，然后单击右上方的 导出 按钮，如图 7-219 所示，接着在弹出的"导出"对话框中单击 导出 按钮进行导出。

图 7-219　将文件名重命名为"根据讲解自动生成字幕效果"，单击 导出 按钮

11) 至此，"根据讲解自动生成字幕效果 .mp4"视频导出完毕。

7.7　课后练习

1) 利用剪映自带音乐制作一个自动生成字幕效果。
2) 制作一个根据自己输入的文字产生的图文成片效果。
3) 制作一个回忆相册效果。

第3部分 综合实例演练

■ 第8章 综合实例

第8章　综 合 实 例

通过前面 7 章的学习，读者已经掌握了剪映相关的基础知识。本章将综合运用前面 7 章的知识，制作 3 个综合实例。通过本章学习，读者应能够利用剪映独立创作出不同主题的作品。

8.1　制作以春天为主题的曲线门效果

8.1　制作以春天为主题的曲线门效果

 要点：

本例将制作一个以春天为主题的曲线门效果，如图 8-1 所示。通过本例的学习，读者应掌握曲线门动画的制作方法。

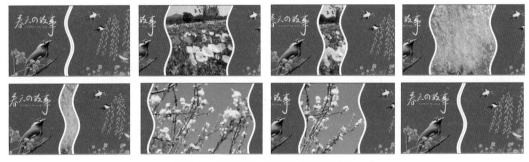

图 8-1　以春天为主题的曲线门效果

 操作步骤：

1. 制作曲线门初始界面

1）启动剪映专业版，然后单击"开始创作"按钮，新建一个草稿文件。

2）添加白场视频。方法：在素材面板中单击"媒体→素材库→热门"，然后在右侧选择白场素材，如图 8-2 所示，接着将其拖入时间线的主轨道，如图 8-3 所示。

图 8-2　选择白场素材

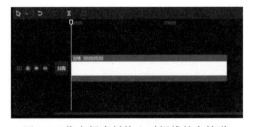

图 8-3　将白场素材拖入时间线的主轨道

3）进入功能面板"画面"选项卡的"蒙版"子选项卡，然后选择▤（镜面）蒙版，如图 8-4 所示，此时播放器显示如图 8-5 所示。

图 8-4 选择 ▤（镜面）蒙版

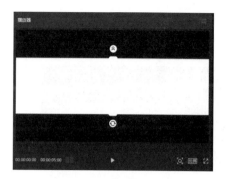

图 8-5 播放器显示效果 1

4）设置蒙版的方向和宽度。方法：在"蒙版"子选项卡中将"旋转"设置为 90°，"大小"设置为"宽 150"，如图 8-6 所示，效果如图 8-7 所示。

图 8-6 设置蒙版参数 1

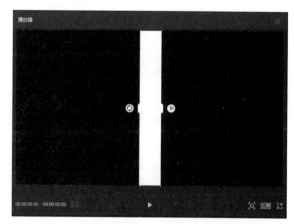

图 8-7 设置蒙版参数后的效果 1

5）制作蓝色描边的矩形。方法：在时间线中选择白场素材，然后按快捷键〈Ctrl+C〉复制，再将时间定位在 00:00:00:00 的位置，按快捷键〈Ctrl+V〉进行粘贴，此时时间线显示如图 8-8 所示。接着在素材面板中单击"媒体→素材库"，再在右侧搜索栏中输入"纯色"，最后在下方选择横屏蓝色素材，如图 8-9 所示，将其拖入时间线主轨道上方轨道，在弹出的图 8-10 所示的"替换"对话框中单击"替换片段"按钮，此时时间线显示如图 8-11 所示，播放器显示效果如图 8-12 所示。

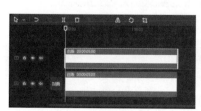

图 8-8 时间线显示 1

图 8-9 选择横屏蓝色素材

图 8-10 "替换"对话框

图 8-11　时间线显示 2

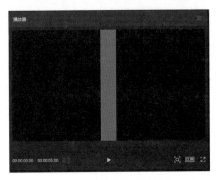

图 8-12　播放器显示效果 2

6) 制作蓝色描边矩形的扭曲效果。方法：在素材面板中单击"特效→画面特效→扭曲"，然后在右侧选择"屏幕律动"，如图 8-13 所示，再将其拖入时间线，入点为 00:00:00:00，出点设置为 00:00:05:00，如图 8-14 所示。接着在功能面板"特效"选项卡中将"大小"设置为 60，"强度"设置为 15，如图 8-15 所示，效果如图 8-16 所示。

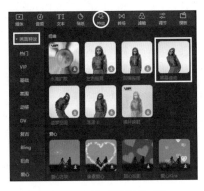

图 8-13　选择"屏幕律动"

图 8-14　将"屏幕律动"特效拖入时间线

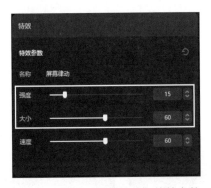

图 8-15　设置"屏幕律动"特效参数

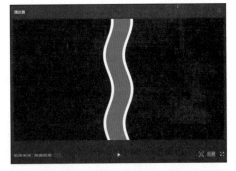

图 8-16　设置"屏幕律动"特效参数后的效果

7) 给白场视频添加一个蓝灰色背景。方法：在时间线中选择主轨道的白场素材，然后在功能面板的"画面"选项卡的"基础"子选项卡中勾选"背景填充"复选框，再在下拉列表中选择"颜色"，接着单击一种蓝灰色，如图 8-17 所示，此时画面背景就变为了蓝灰色，效果如图 8-18 所示。

图 8-17　单击一种蓝灰色

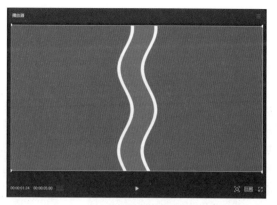

图 8-18　画面背景变为蓝灰色

8）为了使画面看起来更加美观，下面在画面上添加一些设计元素。方法：在素材面板中单击"贴纸→贴纸元素"，然后在右侧搜索栏中输入"春天"，接着在下方选择"春天的故事"贴纸，如图 8-19 所示，将其拖入时间线，入点为 00:00:00:00，出点为 00:00:05:00，如图 8-20 所示。最后在播放器面板中将贴纸适当缩小，并放置在画面左上方（为了便于大家操作，此时在功能面板"贴纸"选项卡中将"缩放"设置为 40%，"位置"设置为（-1050，400），如图 8-21 所示），效果如图 8-22 所示。

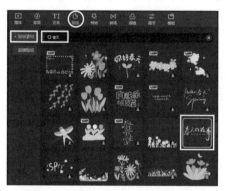

图 8-19　选择"春天的故事"贴纸

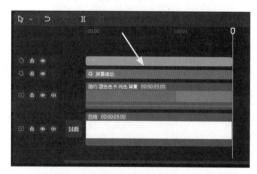

图 8-20　将选择的贴纸素材拖入时间线

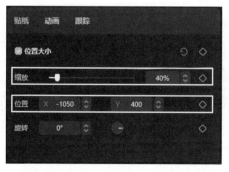

图 8-21　设置贴纸的缩放和位置参数

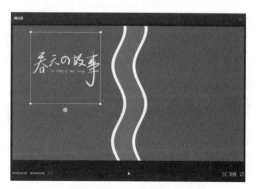

图 8-22　设置贴纸缩放和位置参数后的效果

9）同理，选择一种柳树贴纸，如图 8-23 所示，将其拖入时间线，入点为 00:00:00:00，出点为 00:00:05:00，如图 8-24 所示。然后在播放器面板中将贴纸放置在画面右侧（为了便于大家操作，此时在功能面板"贴纸"选项卡中将"位置"设置为（1500，100），如图 8-25 所示），效果如图 8-26 所示。

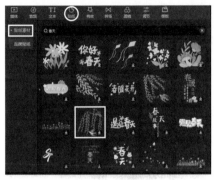

图 8-23　选择一种柳树贴纸

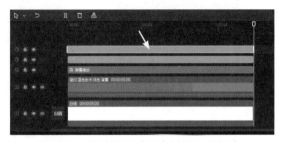

图 8-24　将选择的贴纸素材拖入时间线 1

图 8-25　设置贴纸的位置参数

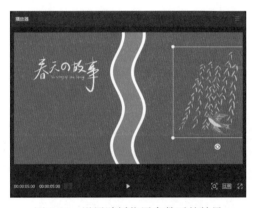

图 8-26　设置贴纸位置参数后的效果

10）同理，选择一种鲜花贴纸，如图 8-27 所示，将其拖入时间线，入点为 00:00:00:00，出点为 00:00:05:00，如图 8-28 所示。然后在播放器面板中将贴纸放置在画面右侧（为了便于大家操作，此时在功能面板"贴纸"选项卡中将"缩放"设置为 80%，"位置"设置为（1600，-500），如图 8-29 所示），效果如图 8-30 所示。

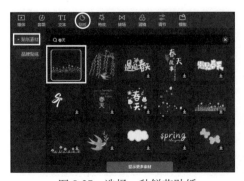

图 8-27　选择一种鲜花贴纸

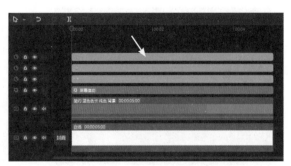

图 8-28　将选择的贴纸素材拖入时间线 2

图 8-29　设置贴纸的缩放和位置参数 1

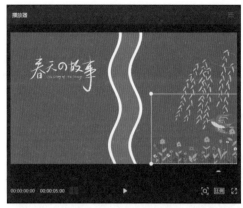

图 8-30　设置贴纸缩放和位置参数后的效果 1

11）此时画面中的鲜花有些单调，接下来选择另一种鲜花贴纸，如图 8-31 所示，将其拖入时间线，入点为 00:00:00:00，出点为 00:00:05:00，如图 8-32 所示。然后在播放器面板中将贴纸放置在画面右侧（为了便于大家操作，此时在功能面板"贴纸"选项卡中将"缩放"设置为 60%，"位置"设置为（1450，-500），如图 8-33 所示），效果如图 8-34 所示。

图 8-31　选择另一种鲜花贴纸

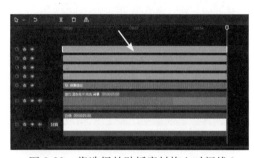

图 8-32　将选择的贴纸素材拖入时间线 3

图 8-33　设置贴纸的缩放和位置参数 2

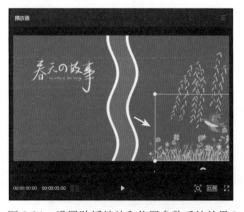

图 8-34　设置贴纸缩放和位置参数后的效果 2

12）为了使画面更加契合春天的主题，下面在画面上添加一些飞鸟贴纸。方法：在素材面板中单击"贴纸→贴纸元素"，然后在右侧搜索栏中输入"飞鸟"，接着在下方选择一种燕子贴纸,如图 8-35 所示,将其拖入时间线,入点为 00:00:00:00,出点为 00:00:05:00,如图 8-36 所示。最后在播放器面板中将贴纸适当缩小,并放置在画面左上方(为了便于大家操作,此时在功能面板"贴纸"选项卡中将"缩放"设置为 50%,"位置"设置为(850,450),如图 8-37 所示),效果如图 8-38 所示。

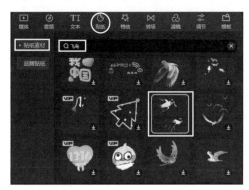

图 8-35　选择一种燕子贴纸

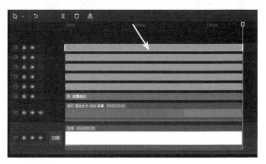

图 8-36　将选择的贴纸素材拖入时间线 4

图 8-37　设置贴纸的缩放和位置参数 3

图 8-38　设置贴纸的缩放和位置参数后的效果 3

13)同理,我们选择另一种飞鸟贴纸,如图 8-39 所示,将其拖入时间线,入点为 00:00:00:00,出点为 00:00:05:00,如图 8-40 所示。然后在播放器面板中将贴纸放置在画面右侧(为了便于大家操作,此时在功能面板"贴纸"选项卡中将"缩放"设置为 50%,"位置"设置为(-1050,-700),如图 8-41 所示),效果如图 8-42 所示。

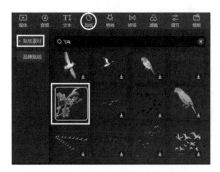

图 8-39　选择另一种飞鸟贴纸

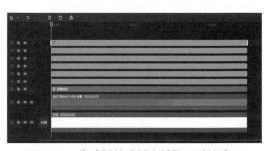

图 8-40　将选择的贴纸素材拖入时间线 5

图 8-41 设置贴纸的缩放和位置参数 4

图 8-42 设置贴纸的缩放和位置参数后的效果 4

14）在时间线中按快捷键〈Ctrl+A〉，选择所有轨道的素材，然后单击右键，从弹出的快捷菜单中选择"新建复合片段"命令，将它们组成一个新的复合片段。接着将时间定位在00:00:00:00 的位置，在时间线上方工具栏中单击 ▣（定格）按钮，如图 8-43 所示，此时主轨道上会生成一个静止的定格图片，如图 8-44 所示。

图 8-43 在 00:00:00:00 的位置单击 ▣（定格）按钮

图 8-44 主轨道上会生成一个静止的定格图片

15）选择主轨道后面的合成片段，按〈Delete〉键进行删除，然后将定格图片的出点设置为 00:00:05:00，此时时间线显示如图 8-45 所示。

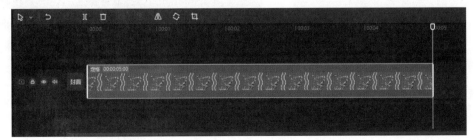

图 8-45 将定格图片的出点设置为 00:00:05:00

16）抠去曲面门中间的蓝色。方法：在功能面板"画面"选项卡的"抠像"子选项卡中勾选"色度抠图"复选框，然后单击取色器后面的▨（取色）工具，接着在播放器面板曲线门中间的蓝色区域单击鼠标，再在"抠像"子选项卡中将"强度"设置为20，如图8-46所示，此时曲线门中间的蓝色就被去除了，效果如图8-47所示。

图8-46　将"强度"设置为20

图8-47　去除曲线门中间的蓝色的效果

17）为了保证曲线门关闭后两侧不会出现黑色空隙，下面在播放器面板中将其适当放大（为了便于大家操作，在"画面"选项卡的"基础"子选项卡中将"缩放"数值设置为120%，如图8-48所示），效果如图8-49所示。

图8-48　将"缩放"数值设置为120%

图8-49　将"缩放"数值设置为120%的效果

2. 制作曲线门的开合效果

1）将曲线门分成左右两部分。方法：进入"画面"选项卡的"蒙版"子选项卡，然后选择▤（线性）蒙版，并将"旋转"设置为90°，如图8-50所示，此时播放器显示如图8-51所示。

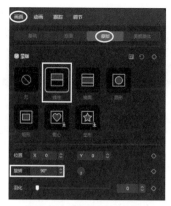

图 8-50 设置蒙版参数 2

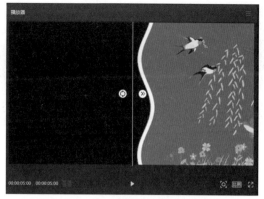

图 8-51 设置蒙版参数后的效果 2

2）在时间线中选择主轨道上的定格图片，按快捷键〈Ctrl+C〉复制，然后将时间定位在 00:00:00:00 的位置，按快捷键〈Ctrl+V〉将其粘贴到上方轨道，此时时间线显示如图 8-52 所示。接着在"画面"选项卡的"蒙版"子选项卡单击"线性"蒙版，如图 8-53 所示，此时播放器显示如图 8-54 所示。

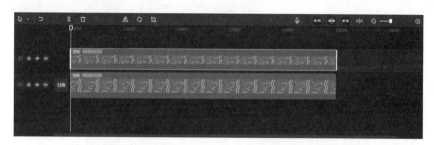

图 8-52 主轨道上的定格图片粘贴到上方轨道

图 8-53 单击"线性"蒙版

图 8-54 设置蒙版参数后的效果 3

3）制作曲线门关闭效果。方法：将时间定位在 00:00:00:05 的位置，然后选择主轨道上方轨道上的定格图片，在"画面"选项卡的"基础"子选项卡中将"位置"的数值设置为（180，0），并添加一个关键帧，如图 8-55 所示，此时时间线显示如图 8-56 所示。接着选择主轨道上的定格图片，在"画面"选项卡的"基础"子选项卡中将"位置"的数值设置为（-180，0），并添加一个关键帧，如图 8-57 所示，此时时间线显示如图 8-58 所示，这时在播放器中就可以看到在 00:00:00:05 的位置，曲线门关闭的效果了，如图 8-59 所示。

图 8-55 在 00:00:00:05 的位置，设置主轨道上方轨道定格图片的"位置"参数，并添加一个关键帧

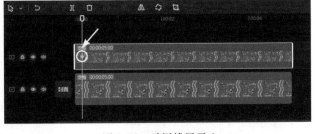

图 8-56 时间线显示 3

图 8-57 在 00:00:00:05 的位置，设置主轨道定格图片的"位置"参数，并添加一个关键帧

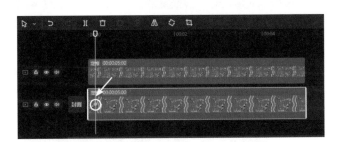

图 8-58 时间线显示 4

图 8-59 在 00:00:00:05 的位置，曲线门关闭的效果

4）制作曲线门打开效果。方法：将时间定位在 00:00:04:20 的位置，然后在"画面"选项卡的"基础"子选项卡中将"位置"的数值设置为（1450，0），这时候软件会自动添加一个"位置"关键帧，如图 8-60 所示，此时时间线显示如图 8-61 所示，这时候就能看到右侧曲线门打开的效果了，如图 8-62 所示。接着选择主轨道上方轨道的定格图片，在"画面"选项卡的"基础"子选项卡中将"位置"的数值设置为（-1450，0），这时候软件会自动添加一个"位置"关键帧，如图 8-63 所示，此时时间线显示如图 8-64 所示，这时在播放器中就可以看到在 00:00:04:20 的位置，曲线门打开的效果了，如图 8-65 所示。

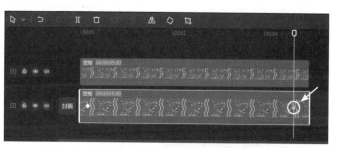

图 8-60　在 00:00:04:20 的位置，设置主轨道定格图片的"位置"参数

图 8-61　时间线显示 5

图 8-62　右侧曲线门打开的效果

图 8-63　在 00:00:04:20 的位置，设置主轨道上方轨道定格图片的"位置"参数

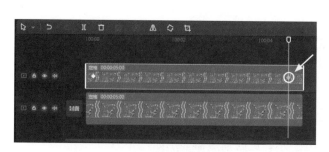

图 8-64　时间线显示 6

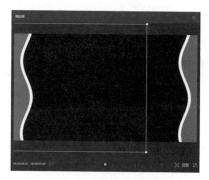

图 8-65　在 00:00:04:20 的位置，曲线门打开的效果

5）按键盘上的空格键进行预览，就可以看到曲线门从关闭逐渐打开的效果了，如图 8-66 所示。

图 8-66　曲线门从关闭逐渐打开的效果

6）为了便于后面抠像，下面将主轨道定格图片的背景颜色设置为画面中没有的黄色。方法：选择主轨道上的定格图片，然后在功能面板"画面"选项卡的"基础"子选项卡中勾选"背景填充"复选框，再在下拉列表中选择"颜色"，接着在下方选择一种明黄色，如图 8-67 所示，效果如图 8-68 所示。

图 8-67　选择一种明黄色

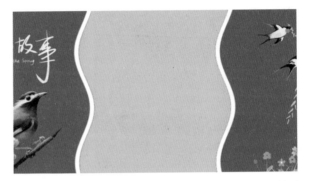

图 8-68　将主轨道定格图片的背景设置为明黄色的效果

7）输出视频。方法：在文件名称设置区中将文件名重命名为"中间素材"，然后单击右上方的 按钮，如图 8-69 所示，从而输出视频。

图 8-69　将文件名重命名为"中间素材"，然后单击右上方的 按钮

8）执行菜单中的"菜单→文件→新建草稿"命令，新建一个草稿，然后在素材面板中单击"导入"按钮，导入刚才导出的"中间素材 .mp4"文件。接着将其拖入时间线主轨道上方轨道，入点为 00:00:00:00，如图 8-70 所示，此时播放器显示如图 8-71 所示。

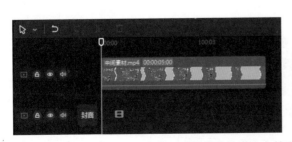

图 8-70　将"中间素材 .mp4"拖入时间线主轨道上方轨道

图 8-71　播放器显示效果

9）抠去曲面门中间的黄色。方法：在功能面板"画面"选项卡的"抠像"子选项卡中勾选"色度抠图"复选框，然后单击取色器后面的▨（取色）工具，接着在播放器面板曲线门中间的黄色区域单击鼠标，再在"抠像"子选项卡中将"强度"设置为 1，如图 8-72 所示，此时曲线门中间的黄色就被去除了，效果如图 8-73 所示。

图 8-72　将"强度"设置为 1　　　　　图 8-73　去除曲线门中间黄色的效果

10）制作曲线门逐渐打开再逐渐关闭的效果。方法：在时间线中选择"中间素材.mp4"，然后按快捷键〈Ctrl+C〉复制，再将时间定位在 00:00:05:00 的位置，按快捷键〈Ctrl+V〉进行粘贴。接着在时间线工具栏中单击▣（倒放）按钮，如图 8-74 所示。最后按空格键进行预览，就可以看到曲线门逐渐打开，再逐渐关闭的效果了，如图 8-75 所示。

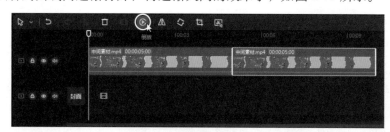

图 8-74　单击 ▣（倒放）按钮

图 8-75　曲线门逐渐打开再逐渐关闭的效果

11）制作曲线门反复打开再关闭的效果。方法：在时间线中选择所有素材，然后单击右键，从弹出的快捷菜单中选择"新建复合片段"命令，新建一个复合片段，此时时间线显示如图 8-76 所示。接着按快捷键〈Ctrl+C〉复制复合片段，再按〈↓〉键，将时间定位在复合片段结尾的位置（也就是 00:00:10:00 的位置），按快捷键〈Ctrl+V〉粘贴。同理，再将时间定位在 00:00:20:00 的位置，按快捷键〈Ctrl+V〉粘贴，此时时间线显示如图 8-77 所示。

图 8-76　时间线显示 7

图 8-77　时间线显示 8

12）按空格键进行预览，就可以看到曲线门反复打开和关闭的效果了。

3. 添加曲线门打开后显示出的视频

1）添加第一段视频。方法：在素材面板中单击"媒体→素材库"，然后在右侧搜索栏中输入"虞美人春天"，接着在下方单击一个视频，即可在播放器面板中进行预览，如图 8-78所示。

图 8-78　选择素材进行预览

2）将选择的虞美人素材拖入时间线主轨道，并单击 （开启原声）按钮，切换为 （关闭原声）状态，从而关闭素材的原声，如图 8-79 所示。

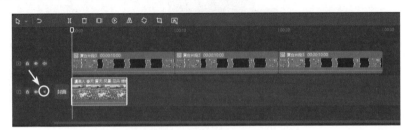

图 8-79　关闭素材的原声

3）此时虞美人视频素材持续时间过短，下面在功能面板"变速"选项卡中将"时长"设置为 10s，如图 8-80 所示，使之与曲线门一个开合时间等长，此时时间线显示如图 8-81 所示。

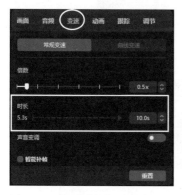

图 8-80　将"时长"设置为 10s

图 8-81　时间线显示 9

4）按键盘上的空格键进行预览，效果如图 8-82 所示。

图 8-82　第一段视频在 00:00:00:00 ～ 00:00:10:00 的预览效果

5）添加第二段视频。方法：在素材面板中单击"媒体→素材库"，然后在右侧搜索栏中输入"春天"，接着在下方选择一个春天柳树的视频，如图 8-83 所示，再将其拖入时间线主轨道，如图 8-84 所示。

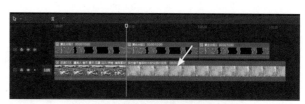

图 8-83　选择一个春天柳树的视频　　　　图 8-84　将春天柳树的视频拖入时间线主轨道

6）此时春天柳树的视频持续时间过长，下面将时间定位在 00:00:20:00 的位置，然后在时间线上方工具栏中单击 ▮▮（分割）按钮，将春天柳树的视频在 00:00:20:00 的位置一分为二，如图 8-85 所示，再按〈Delete〉键删除 00:00:20:00 之后的素材，此时时间线显示如图 8-86 所示。接着按键盘上的空格键进行预览，效果如图 8-87 所示。

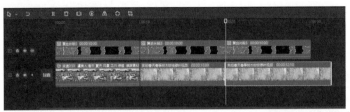

图 8-85　将春天柳树的视频在 00:00:20:00 的位置一分为二

图 8-86　删除 00:00:20:00 之后的素材

图 8-87　第二段视频在 00:00:10:00 ～ 00:00:20:00 的预览效果

7）添加第三段视频。方法：在素材面板中单击"媒体→素材库"，然后在右侧搜索栏中输入"唯美浪漫樱花"，接着在下方选择一个樱花视频，如图 8-88 所示，再将其拖入时间线主轨道，如图 8-89 所示。

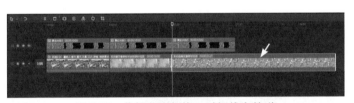

图 8-88　选择一个樱花视频　　　　　图 8-89　将樱花视频拖入时间线主轨道

8）此时樱花视频持续时间过长，下面将时间定位在 00:00:30:00 的位置，然后在时间线上方工具栏中单击 按钮，将樱花视频在 00:00:30:00 的位置一分为二，再按〈Delete〉键删除 00:00:30:00 之后的素材，此时时间线显示如图 8-90 所示。接着按键盘上的空格键进行预览，效果如图 8-91 所示。

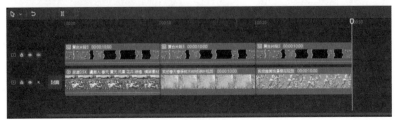

图 8-90　删除 00:00:30:00 之后的素材

图 8-91　第三段视频在 00:00:20:00 ～ 00:00:30:00 的预览效果

9）为了使视频在结束位置看起来更加自然，下面在整个视频结束位置添加一个 1s 的定格效果。方法：选择主轨道上方轨道的第三段视频，然后将时间定位在 00:00:30:00 的位置，在时间线工具栏中单击■（定格）按钮，从而在 00:00:30:00 之后生成一个定格图片，接着将定格图片的出点设置为 00:00:31:00，此时时间线显示如图 8-92 所示。

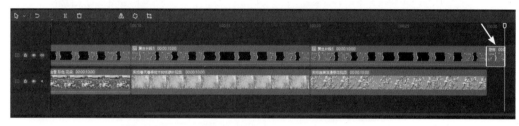

图 8-92　将定格图片的出点设置为 00:00:31:00

4. 添加背景音乐

1）在素材面板中单击"音频→音乐素材"，然后在右侧搜索栏中输入"春天在哪里"，接着在下方单击"春天在哪里（杨烁）"，如图 8-93 所示，播放音乐。

2）将"春天在哪里（杨烁）"音乐拖入时间线，入点为 00:00:00:00，如图 8-94 所示。

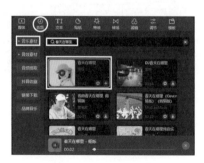

图 8-93　单击"春天在哪
里（杨烁）"进行播放

图 8-94　将"春天在哪里（杨烁）"音乐
拖入时间线，入点为 00:00:00:00

3）剪辑音乐。方法：选择时间线中的音乐素材，然后将时间定位在 00:00:03:00 的位置，在时间线上方的工具栏中单击■（分割）按钮，将音乐在 00:00:03:00 的位置一分为二，如图 8-95 所示。接着选择 00:00:03:00 之前的音乐，按〈Delete〉键进行删除，再将 00:00:03:00 之后的音乐往前移动，入点为 00:00:00:00。最后将时间定位在 00:00:31:00 的位置，单击■（分割）按钮，将音乐在 00:00:31:00 的位置一分为二，如图 8-96 所示，再按〈Delete〉键将 00:00:31:00 之后的音乐删除。

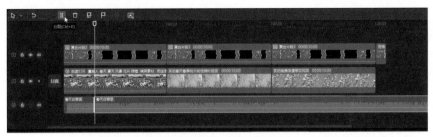

图 8-95　将音乐在 00:00:03:00 的位置一分为二

图 8-96　将 00:00:31:00 之后的音乐删除

4）制作音乐的淡入淡出效果。方法：在时间线中选择音乐素材，然后在功能面板"音频"选项卡的"基本"子选项卡中将"淡入时长"和"淡出时长"均设置为 2s，如图 8-97 所示，此时时间线显示如图 8-98 所示。接着按键盘上的空格键进行预览。

图 8-97　将"淡入时长"和
"淡出时长"均设置为 2s

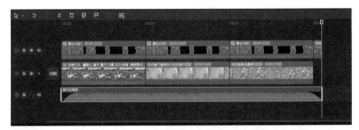

图 8-98　时间线显示 10

5）至此，以春天为主题的曲线门效果制作完毕。

5. 输出视频

1）在文件名称设置区中将文件名重命名为"以春天为主题的曲线门效果"，然后单击右上方的 ⬆导出 按钮，如图 8-99 所示。再在弹出的"导出"对话框中单击"导出至"后面的 ▢ 按钮，如图 8-100 所示，接着从弹出的"请选择导出路径"对话框中选择输出视频所在的文件夹，再单击 选择文件夹 按钮，如图 8-101 所示，回到"导出"对话框。最后单击 导出 按钮进行导出。

图 8-99　将文件名重命名后单击 ⬆导出 按钮

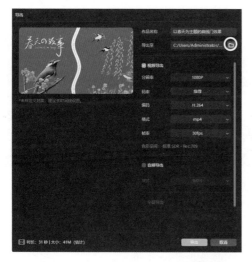

图 8-100 单击"导出至"后面的 ▢ 按钮

图 8-101 单击 选择文件夹 按钮

2）当视频导出完成后，会显示图 8-102 所示的对话框，此时如果要将导出的视频发布到用户的"抖音"或"西瓜视频"账号上，单击 发布 按钮即可。如果不需要发布到网上，单击 关闭 按钮即可。

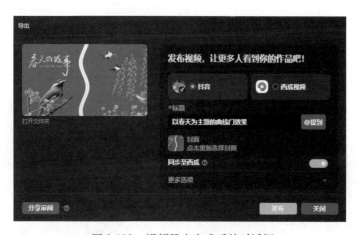

图 8-102 视频导出完成后的对话框

3）至此，"以春天为主题的曲线门效果 .mp4"视频导出完毕。

8.2 制作古诗词中的文字逐个掉落到水中的效果

 要点：

本例将制作一个伴随着优美的音乐，古诗词中文字从左往右运动到画面中央，然后文字逐个掉落到水中的动画效果，如图 8-103 所示。通过本例的学习，读者应掌握唯美的以古诗词为主题的动画制作方法。

8.2 制作古诗词中的文字逐个掉落到水中的效果

图 8-103　古诗词中的文字从左往右运动到画面中央然后逐个掉落到水中的效果

 操作步骤：

1. 导入并设置视频播放速度

1）启动剪映专业版，然后单击"开始创作"按钮，新建一个草稿文件。

2）导入素材。方法：在素材面板单击"媒体→本地"，然后在右侧单击"导入"按钮，导入网盘中的"源文件\8.2　制作古诗词中的文字逐个掉落到水中的效果\素材.mp4"，此时素材面板显示如图 8-104 所示。

3）将素材面板中的"素材.mp4"拖入时间线主轨道，然后按空格键预览，此时会发现视频中水面流动速度过快，下面在"变速"选项卡的"常规变速"子选项卡中将"倍数"减小为 0.2x，如图 8-105 所示。接着按空格键预览，就可以看到水面流动速度变慢了，此时时间线显示如图 8-106 所示。

图 8-104　导入素材

图 8-105　将"倍数"减小为 0.2x

图 8-106　时间线显示 1

2. 设置文字逐个掉落的效果

1）将时间定位在 00:00:00:00 的位置，然后在素材面板中单击"文本"，再单击"默认文本"右下角的 ⊕ 按钮，从而在时间线中添加一个默认文本。

2）打开网盘中的"源文件 \8.2 制作古诗词中的文字逐个掉落到水中的效果 \ 文字 .txt"，如图 8-107 所示，然后按快捷键〈Ctrl+A〉全选文字，再按〈Ctrl+C〉复制文字，接着在剪映专业版的"文本"选项卡的"基础"子选项卡中去除原有文字后按快捷键〈Ctrl+V〉粘贴文字，再将"字体"设置为"蝉影隶书"，"对齐方式"设置为 ▥（垂直居中分布），"字号"设置为 9，"字间距"设置为 3，"行间距"设置为 25，如图 8-108 所示，效果如图 8-109 所示。

图 8-107 打开"文字 .txt"　　　图 8-108 设置文字参数　　　图 8-109 设置文字参数后的效果

3）为了使文字与背景视频更好地区分开，下面在"文本"选项卡的"基础"子选项卡中勾选"阴影"复选框，如图 8-110 所示，效果如图 8-111 所示。

图 8-110 勾选"阴影"复选框　　　　　图 8-111 文字的阴影效果

4）调整文字的位置，使之位于水面之上，以便后面制作文字掉落到水中效果。方法：在"文本"选项卡的"基础"子选项卡中将"位置"的 Y 数值设置为 250，如图 8-112 所示，效果如图 8-113 所示。

图 8-112　将文字"位
置"的 Y 数值设置为 250

图 8-113　将文字"位置"的 Y 数值设置为 250 的效果

5）制作文字的打字效果。方法：在时间线中将文字素材的出点设置为 00:00:20:00，此时时间线显示如图 8-114 所示，然后在"动画"选项卡的"入场"子选项卡中选择"打字机 III"，如图 8-115 所示，接着按空格键进行预览，就可以看到从下往上出现的文字效果了，如图 8-116 所示。

图 8-114　时间线显示 2

图 8-115　选择"打字机 III"

图 8-116　从下往上出现的打字效果

6）此时文字是从下往上逐个出现的，而我们需要文字是逐个掉落的，下面就来制作这个效果。方法：在时间线中选择文字素材，然后单击右键，从弹出的快捷菜单中选择"新建复合片段"命令，将文字素材转为一个复合片段，接着在工具栏中单击 ◉（倒放）按钮，最后按空格键预览，就可以看到从左往右逐个掉落的文字效果了，如图 8-117 所示。

图 8-117 从左往右逐个掉落的文字效果

7）此时文字掉落速度过快，下面在时间线中选择复合片段，如图 8-118 所示，然后在"变速"选项卡的"常规变速"子选项卡中将"倍数"减小为 0.5x，如图 8-119 所示。接着按空格键预览，就可以看到文字掉落速度变慢了。

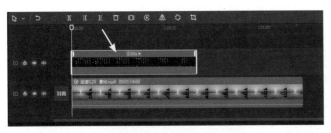

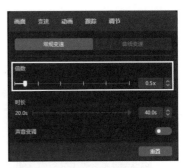

图 8-118 选择复合片段   图 8-119 将"倍数"减小为 0.5x

8）为了使古诗词底部与水面更好地融合在一起，下面给古诗词添加一个线性蒙版。方法：在时间线中选择定格图片后面的复合片段，然后在"画面"选项卡的"蒙版"子选项卡中选择▣（线性）蒙版，再将蒙版"位置"的"Y"的数值设置为 -120，接着将"羽化"数值设置为 10，如图 8-120 所示，效果如图 8-121 所示。

图 8-120 设置蒙版参数   图 8-121 设置蒙版参数后的效果

3. 制作00:00:00:00～00:00:15:00之间，古诗词从左往右运动到画面中央的效果

1）将时间定位在 00:00:00:00 的位置，然后在工具栏中单击▣（定格）按钮，从而将 00:00:00:00 的画面设置为一个静止的定格图片。接着将定格图片后面的复合片段往后移动一段距离，再将定格图片的出点设置为 00:00:15:00，最后再将复合片段往前移动，使其与定格图片首尾相接，此时时间线显示如图 8-122 所示。

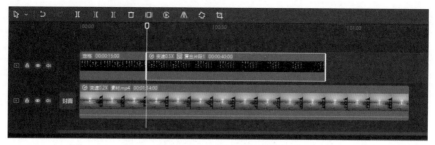

图 8-122　时间线显示 3

2）在时间线中选择定格图片，然后将时间定位在 00:00:14:00 的位置，再在"画面"选项卡的"基础"子选项卡中添加一个"位置"关键帧，如图 8-123 所示，接着将时间定位在 00:00:00:00 的位置，将"位置"的"X"的数值设置为 -3600，如图 8-124 所示，此时时间线显示如图 8-125 所示。

图 8-123　在 00:00:14:00 的位置添加一个"位置"关键帧

图 8-124　在 00:00:00:00 的位置将"位置"的"X"的数值设置为 -3600

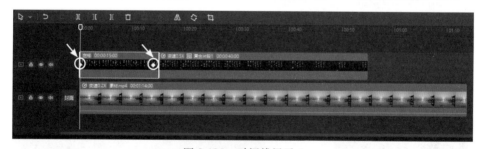

图 8-125　时间线显示 4

3）按空格键预览，就可以看到在 00:00:00:00 ～ 00:00:14:00，古诗词从左侧进入画面，然后运动到画面中央的效果了，如图 8-126 所示。

图 8-126　在 00:00:00:00 ～ 00:00:14:00，古诗词从左侧进入画面，然后运动到画面中央的效果

4. 制作 00:00:15:00 ～ 00:00:56:00，文字掉落到水中时产生的水滴效果

1）在素材面板中单击"媒体→素材库"，然后在右侧搜索栏中输入"水滴"，再在下面单击一个 35s 的水滴素材，如图 8-127 所示，进行预览。

2）将时间定位在 00:00:15:00 的位置，然后将素材面板中选择的水滴素材拖入时间线，入点为 00:00:15:00，如图 8-128 所示，此时画面效果如图 8-129 所示。

图 8-127　在右侧搜索栏中输入"水滴"　　　　图 8-128　将水滴素材拖入时间线，入点为 00:00:15:00

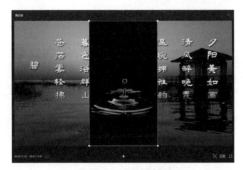

图 8-129　画面效果

3）去除水滴素材中的黑色背景。方法：在时间线中选择水滴素材，然后在"画面"选项卡的"基础"子选项卡中将"混合模式"设置为"滤色"，如图 8-130 所示，效果如图 8-131 所示。

图 8-130　将"混合模式"设置为"滤色"　　　图 8-131　去除水滴素材中黑色背景的效果

4）将水滴素材移动到左侧第一列文字的下方（为了便于大家操作，此时在"画面"选项卡的"基础"子选项卡中将"位置"数值设置为（-1580，-150），如图 8-132 所示），效果如图 8-133 所示。

图 8-132　将水滴素材的"位置"
数值设置为（-1580，-150）

图 8-133　将水滴素材"位置"数值
设置为（-1580，-150）的效果

5）此时水滴素材持续时间过长，下面将水滴素材的出点设置为 00:00:23:12，如图 8-134 所示。

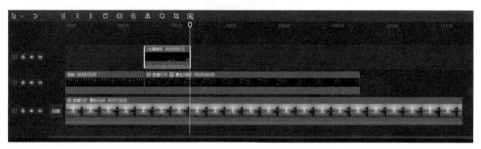

图 8-134　将水滴素材的出点设置为 00:00:23:12

6）将水滴素材复制到第 2 列文字的下方。方法：在时间线中选择水滴素材，按快捷键〈Ctrl+C〉复制，然后将时间定位在左侧第 2 列文字开始掉落的位置（也就是 00:00:22:00 的位置），按快捷键〈Ctrl+V〉进行粘贴，此时时间线显示如图 8-135 所示，接着将粘贴后的水滴素材移动到左侧第 2 列文字下方（为了便于大家操作，此时在"画面"选项卡的"基础"子选项卡中将"位置"数值设置为（-1130，-150），如图 8-136 所示），效果如图 8-137 所示。

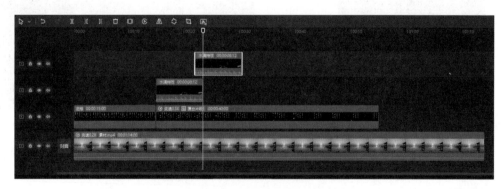

图 8-135　时间线显示 5

图 8-136 将水滴素材的"位置"数值设置为（-1130，-150）

图 8-137 将水滴素材"位置"数值设置为（-1130，-150）的效果

7）同理，分别在 00:00:29:00、00:00:34:24、00:00:40:10、00:00:45:00 的位置，按快捷键〈Ctrl+V〉进行粘贴，再将粘贴后的水滴素材分别移动到第 3 ～ 6 列文字的下方，此时时间线显示如图 8-138 所示。

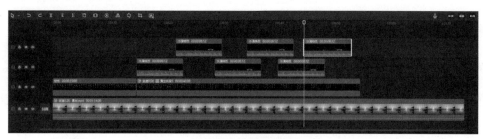

图 8-138 时间线显示 6

8）此时按空格键进行预览，会发现第 6 列文字下方的水滴持续时间过长了，下面将粘贴后的最后一个水滴素材的出点设置为 00:00:51:10，如图 8-139 所示。

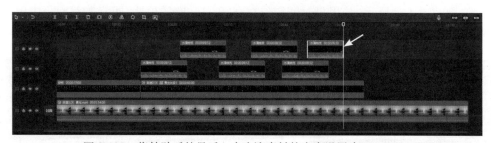

图 8-139 将粘贴后的最后一个水滴素材的出点设置为 00:00:51:10

9）制作第 7 列和第 8 列文字下方的水滴效果。方法：在时间线中选择出点设置为 00:00:51:10 的水滴素材，按快捷键〈Ctrl+C〉复制，然后分别将时间定位在 00:00:49:10 和 00:00:52:06 的位置，按快捷键〈Ctrl+V〉粘贴，再将粘贴后的水滴素材分别移动到第 7 列和第 8 列文字的下方，接着将粘贴后第 1 个水滴素材的出点设置为 00:00:53:20，将第 2 个水滴素材的出点设置为 00:00:56:00。

10）将时间线主轨道上的背景视频的出点设置为 00:00:57:00，此时时间线显示如图 8-140 所示。

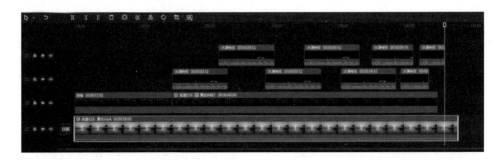

图 8-140　时间线显示 7

提示：将背景视频的出点设置为比水滴素材的出点多 1s，是为了让水滴消失后只显示出背景视频，从而使整个动画看起来更加自然。

11）按空格键预览，就可以看到 00:00:15:00 ～ 00:00:56:00 文字从左往右逐个掉落到水中时产生的水滴效果了，如图 8-141 所示。

图 8-141　00:00:15:00 ～ 00:00:56:00 文字从左往右逐个掉落到水中时产生的水滴效果

12）此时水滴自带音效听起来不是很理想，下面给水滴添加一个新的音效。方法：在时间线中单击两个轨道前的 🔊 按钮，切换为 🔇 状态，从而关闭水滴自带的原声。然后在素材面板中单击"音频→音效素材"，再在右侧搜索栏中输入"水滴"，接着单击 2s 的水滴音效进行预览，如图 8-142 所示，最后将时间定位在 00:00:16:00 的位置，再在素材面板中单击"水滴"音效右下角的 ➕ 按钮，将其添加到时间线，如图 8-143 所示。

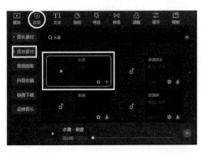
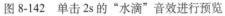

图 8-142　单击 2s 的"水滴"音效进行预览

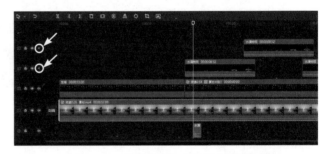

图 8-143　将"水滴"音效添加到时间线

13）按空格键预览，会发现此时"水滴"音效的声音过小，下面就来解决这个问题。方法：在时间线中选择"水滴"音效，然后在"音频"选项卡的"基础"子选项卡中将"音量"加大为 8.0dB，如图 8-144 所示，接着按空格键预览，此时"水滴"音效的声音就变大了。

图 8-144　将"音量"加大为 8.0dB

14）将"水滴"音效粘贴到其余位置，使之与文字掉落到水中的节奏尽量匹配，并大体匀称分布。方法：在时间线中选择"水滴"音效，然后按快捷键〈Ctrl+C〉复制，接着分别将时间定位在 00:00:20:00、00:00:23:00、00:00:26:20、00:00:29:20、00:00:33:00、00:00:35:15、00:00:38:20、00:00:41:00、00:00:44:00、00:00:46:04、00:00:48:12 的位置，按快捷键〈Ctrl+V〉粘贴，此时时间线显示如图 8-145 所示。

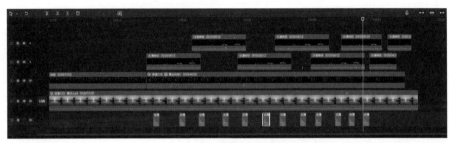

图 8-145　时间线显示 8

15）按空格键预览，会发现最后两列文字掉落到水中的速度明显加快了，下面给最后两列文字添加一个新的音效。方法：在素材面板中单击 7s 的"水滴声"音效进行预览，如图 8-146 所示，然后将时间定位在 00:00:50:00 的位置，单击"水滴声"音效右下角的  按钮，将其添加到时间线，接着将其出点设置为 00:00:55:10，此时时间线显示如图 8-147 所示。

图 8-146　单击 7s 的"水
滴声"音效进行预览

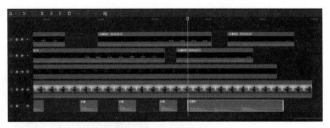

图 8-147　时间线显示 9

16）按空格键预览，此时就可以听到"水滴声"音效与整个场景的节奏基本一致了。

5. 给场景添加背景音乐

1）在素材面板中单击"音频→音乐素材"，然后在右侧搜索栏中输入"卧龙吟"，接着单击下方的"古琴（卧龙吟）"进行预览，最后将时间定位在 00:00:00:00 的位置，单击"古琴（卧龙吟）"音乐右下角的 ⊕ 按钮，如图 8-148 所示，将其添加到时间线，此时时间线显示如图 8-149 所示。

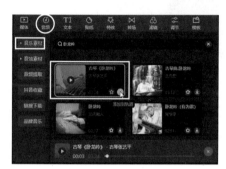

图 8-148　单击"古琴（卧龙吟）"音乐右下角的 ⊕ 按钮

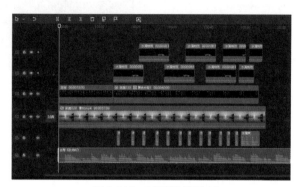

图 8-149　时间线显示 10

2）通过拖动的方式去除背景音乐前面的静音部分，然后将背景音乐整体往前移动，入点为 00:00:00:00，接着将背景音乐的出点设置为与背景视频等长，也就是 00:00:57:00，此时时间线显示如图 8-150 所示。

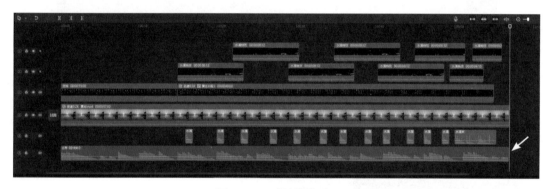

图 8-150　时间线显示 11

3）制作音乐的淡出效果。方法：在时间线中选择分离出来的音乐，然后在"音频"选项卡的"基本"子选项卡中将"淡出时长"设置为 2s，如图 8-151 所示。

图 8-151　将"淡出时长"设置为 2s

4）按空格键预览，就可以听到音乐在结束位置的十分自然的淡出效果了。

6. 输出视频

1）在文件名称设置区中将文件名重命名为"文字逐个掉落到水中动画"，然后单击右上方的 导出 按钮，如图 8-152 所示。再在弹出的"导出"对话框中单击"导出至"后面的 按钮，如图 8-153 所示，接着从弹出的"请选择导出路径"对话框中选择输出视频所在的文件夹，再单击 选择文件夹 按钮，如图 8-154 所示，回到"导出"对话框。最后单击 导出 按钮进行导出。

图 8-152　将文件名重命名后单击 导出 按钮

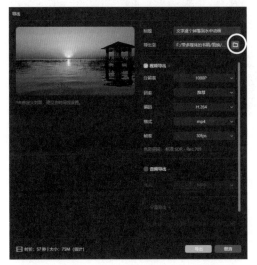

图 8-153　单击"导出至"后面的 按钮 　　图 8-154　单击 选择文件夹 按钮

2）当视频导出完成后，会显示图 8-155 所示的对话框，此时如果要将导出的视频发布到用户的"抖音"或"西瓜视频"账号上，单击 发布 按钮即可。如果不需要发布到网上，单击 关闭 按钮即可。

图 8-155　视频导出完成后的对话框

3）至此，"文字逐个掉落到水中动画 .mp4"视频导出完毕。

8.3　制作片尾动画效果

8.3　制作片尾
动画效果

 要点：

　　本例将制作一个影视作品中常见的片尾动画效果，如图 8-156 所示。通过本例的学习，读者应掌握片尾动画的制作方法。

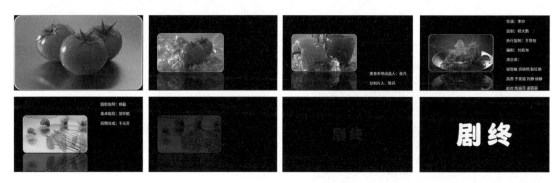

图 8-156　片尾动画效果

 操作步骤：

1. 制作素材的白色圆角描边效果

1）启动剪映专业版，然后单击"开始创作"按钮，新建一个草稿文件。

2）导入素材。方法：在素材面板单击"媒体→本地"，然后在右侧单击"导入"按钮，导入网盘中的"源文件 \8.3　制作片尾动画效果 \ 素材 .mp4"，此时素材面板显示如图 8-157 所示。

3）将素材面板中的"素材 .mp4"拖入时间线主轨道，此时时间线显示如图 8-158 所示，播放器显示如图 8-159 所示。

图 8-157　导入素材

图 8-158　时间线显示 1

图 8-159 播放器显示效果

4）制作"素材 .mp4"边缘的圆角效果。方法：在"画面"选项卡的"蒙版"子选项卡中选择 (矩形) 蒙版，然后将"大小"设置为（1920，1080）（与画面等大），"圆角"设置为 20，如图 8-160 所示，效果如图 8-161 所示。

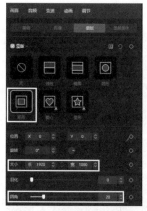

图 8-160 设置矩形蒙版的参数

图 8-161 "素材 .mp4"边缘的圆角效果

5）制作圆角边缘的白色描边效果。方法：进入"画面"选项卡的"基础"子选项卡，然后将"缩放"设置为 99%，如图 8-162 所示，接着将主轨道素材移动到上方轨道，如图 8-163 所示。

图 8-162 将"缩放"设置为 99%

图 8-163 将主轨道素材移动到上方轨道

6）在素材面板中单击"媒体→素材库→热门"，然后在右侧选择"白场"，如图 8-164 所示，接着将其拖到时间线主轨道，并将其出点设置为与"素材 .mp4"等长（也就是00:00:36:10），此时时间线显示如图 8-165 所示。

图 8-164　选择"白场"

图 8-165　时间线显示 2

7）在"画面"选项卡的"蒙版"子选项卡中选择 ▣ （矩形）蒙版，然后将"大小"也设置为（1920，1080）（与画面等大），"圆角"设置为 20，如图 8-166 所示，此时就可以看到圆角边缘的白色描边效果了，如图 8-167 所示。

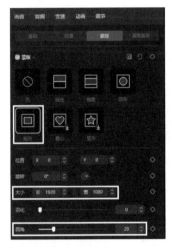

图 8-166　设置矩形蒙版的参数

图 8-167　圆角边缘的白色描边效果

2. 制作视频素材在00:00:00:00～00:00:03:00，缩小后移动到画面左侧中间的动画

1）在时间线中选择所有轨道上的素材，然后单击右键，从弹出的快捷菜单中选择"新建复合片段"命令，将它们组成一个新的复合片段，此时时间线显示如图 8-168 所示。

图 8-168　时间线显示 3

2）将时间定位在 00:00:00:00 的位置，进入"画面"选项卡的"基础"子选项卡，然后添加一个"位置大小"关键帧，如图 8-169 所示。接着将时间定位在 00:00:03:00 的位置，将素材适当缩小，并移动到画面左侧中央的位置（为了便于操作，此时在功能面板"画面"

选项卡的"基础"子选项卡中将其"缩放"数值设置为 50%,"位置"数值设置为 (-700,0),
如图 8-170 所示),效果如图 8-171 所示。

图 8-169　在 00:00:00:00 的位置,
添加一个"位置大小"关键帧

图 8-170　在 00:00:03:00 的位置,
设置"缩放"和"位置"参数

图 8-171　00:00:03:00 的画面效果

3)按空格键进行预览,就可以看到素材在 00:00:00:00 ～ 00:00:03:00,缩小后移动到画
面左侧中间的效果了,如图 8-172 所示。

图 8-172　素材缩小后移动到画面左侧中间的效果

3. 制作视频素材的倒影效果

1)在文件名称设置区中将文件名重命名为"中间素材",然后单击右上方的 导出 按钮,
将其导出。

2)执行菜单中的"菜单→文件→新建草稿"命令,新建一个草稿文件。然后单击"导入"
按钮,导入刚才输出的"中间素材 .mp4",接着将其拖入时间线主轨道。

3)在时间线中按快捷键〈Ctrl+C〉复制"中间素材 .mp4",然后将时间定位在
00:00:00:00 的位置,按快捷键〈Ctrl+V〉进行粘贴,此时时间线显示如图 8-173 所示。

图 8-173　时间线显示 4

4）将时间定位在 00:00:03:00 的位置，然后在时间线中选择主轨道上方轨道的"中间素材 .mp4"，接着在"画面"选项卡的"基础"子选项卡中将"旋转"数值设置为 180°，如图 8-174 所示，效果如图 8-175 所示。

图 8-174　将"旋转"数值设置为 180°

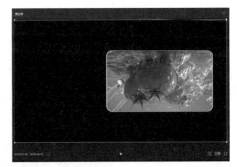

图 8-175　将"旋转"数值设置为 180° 的效果

5）去除视频背景中的黑色。方法：在"画面"选项卡的"基础"子选项卡中将"混合模式"设置为"滤色"，如图 8-176 所示，此时视频背景中的黑色就被去除了，效果如图 8-177 所示。

图 8-176　将"混合模式"设置为"滤色"

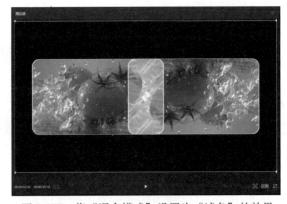

图 8-177　将"混合模式"设置为"滤色"的效果

6）将作为倒影的视频素材移动到原视频素材的下面，从而形成倒影效果，效果如图 8-178 所示。为了便于操作，此时将"位置"数值设置为（-1400，-1100），然后添加一个"位置"关键帧，如图 8-179 所示。接着将时间定位在 00:00:00:00 的位置，将作为倒影的视频素材移动到原视频素材的下面（为了便于操作，此时将"位置"数值设置为（0，-2200），此时软件会自动产生一个"位置"关键帧，如图 8-180 所示），效果如图 8-181 所示。

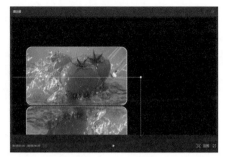

图 8-178　将视频素材移动到原视频素材的下面　　　图 8-179　添加"位置"关键帧

图 8-180　在 00:00:00:00 的位置设置"位置"参数　　图 8-181　00:00:00:00 位置的倒影效果

7）按空格键进行预览，就可以看到倒影视频和原视频一起运动的效果了，如图 8-182 所示。

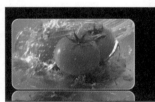

图 8-182　倒影视频和原视频一起运动的效果

8）制作倒影视频的半透明效果。方法：在时间线面板中选择主轨道上方轨道的"中间素材 .mp4"，然后在"画面"选项卡的"基础"子选项卡中将"不透明度"数值设置为 50%，如图 8-183 所示，效果如图 8-184 所示。

图 8-183　将"不透明度"数值设置为 50%　　　图 8-184　将"不透明度"数值设置为 50% 的效果

9）制作倒影视频的模糊效果。方法：在素材面板中单击"特效→画面特效→模糊"，然后在右侧选择"模糊"，如图 8-185 所示，再将其拖到主轨道上方轨道的"中间素材 .mp4"上，如图 8-186 所示，接着在"特效"选项卡中将"模糊度"设置为 5，如图 8-187 所示，效果如图 8-188 所示。

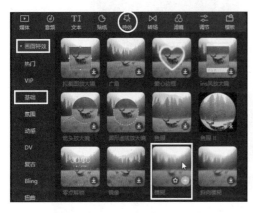

图 8-185　选择"模糊"

图 8-186　将"模糊"拖到主轨道上
方轨道的"中间素材 .mp4"上

图 8-187　将"模糊度"设置为 5

图 8-188　将"模糊度"设置为 5 的效果

4. 制作从下往上滚动的字幕效果

1）将时间定位在 00:00:03:10 的位置，然后在素材面板中单击"文本"，再单击"默认文本"右下角的 ⊕ 按钮，从而在时间线中添加一个默认文本，接着将默认文本的出点设置为与其余素材等长（也就是 00:00:36:10），如图 8-189 所示。

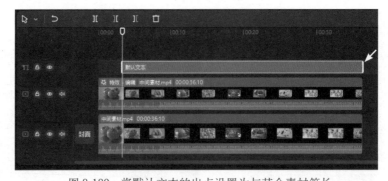

图 8-189　将默认文本的出点设置为与其余素材等长

2）打开网盘中的"源文件 \8.3 制作片尾动画效果 \ 文字 .txt"，如图 8-190 所示，然后按快捷键〈Ctrl+A〉全选文字，再按〈Ctrl+C〉复制文字，接着在剪映专业版的"文本"选项卡的"基础"子选项卡中去除原有文字后按快捷键〈Ctrl+V〉粘贴文字，再将"字号"设置为 5，"行间距"设置为 30，如图 8-191 所示，最后将文字移动到画面右侧，效果如图 8-192所示。

图 8-190 打开"文字 .txt"　　　图 8-191 设置文字参数　　　图 8-192 将文字移动到画面右侧

3）在 00:00:03:10 的位置，将文字往下移动到画面右下方（为了便于操作，在"文本"选项卡的"基础"子选项卡中将"位置"数值设置为（1200，-3000）），然后添加一个"位置"关键帧，如图 8-193 所示，效果如图 8-194 所示。接着将时间定位在 00:00:31:00 的位置，将文字往上移动到画面左上方（为了便于操作，在"文本"选项卡的"基础"子选项卡中将"位置"数值设置为（1200，2900）），如图 8-195 所示，效果如图 8-196 所示。

提示：在"动画"选项卡的"组合"子选项卡中有一个"字幕滚动"效果，此时没有使用"字幕滚动"效果来制作滚动字幕，是因为"字幕滚动"效果的时长最多只能设置为5s，对于本例而言，时长过短了。

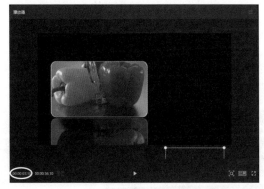

图 8-193 在 00:00:03:10 的位置，设置"位　　　图 8-194 在 00:00:03:10 的画面效果
置"参数，并添加一个"位置"关键帧

 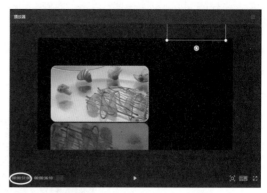

图 8-195　在 00:00:31:00 的位置，设置"位置"参数　　　图 8-196　在 00:00:31:00 的画面效果

4）按空格键预览，就可以看到从下往上滚动的字幕效果了，如图 8-197 所示。

 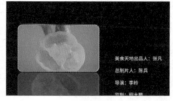 

图 8-197　从下往上滚动的字幕效果

5. 制作视频在 00:00:30:00 ～ 00:00:31:00 的淡出效果

1）在时间线中同时选中主轨道和主轨道上方轨道的两段视频，然后单击右键，从弹出的快捷菜单中选择"新建复合片段"命令，将它们组成一个新的复合片段，此时时间线显示如图 8-198 所示。

图 8-198　组成一个新的复合片段

2）将时间定位在 00:00:30:00 的位置，然后在"画面"选项卡的"基础"子选项卡中添加一个"不透明度"的关键帧。接着将时间定位在 00:00:31:00 的位置，"不透明度"的数值设置为 0%。此时按空格键预览，就可以看到视频在 00:00:30:00 ～ 00:00:31:00 的淡出效果了，如图 8-199 所示。

图 8-199　视频在 00:00:30:00 ～ 00:00:31:00 的淡出效果

6. 制作片尾放大的文字动画

1）将时间定位在 00:00:31:00 的位置，然后在素材面板中单击"文本"，再单击"默认文本"右下角的 ⊕ 按钮，从而在时间线中添加一个默认文本，接着将默认文本的出点设置为与其余素材等长（也就是 00:00:36:10），如图 8-200 所示。

图 8-200　将默认文本的出点设置为与其余素材等长

2）在"文本"选项卡的"基础"子选项卡中将文字内容更改为"剧终"，再将"字号"设置为 35，"字间距"设置为 5，如图 8-201 所示，效果如图 8-202 所示。

图 8-201　设置文字参数　　　　　　图 8-202　设置文字参数后的效果

3）在"动画"选项卡的"入场"子选项卡中选择"放大"，并将"动画时长"加大为 1.5s，如图 8-203 所示。然后按空格键预览，就可以看到文字在 00:00:31:00 之后逐渐放大显现的效果了，如图 8-204 所示。

图 8-203　将"入场"设置为
"放大"，动画时长设置为 1.5s

图 8-204　文字在 00:00:31:00 之后逐渐放大显现的效果

7. 制作背景音乐的淡出效果

1）这段视频本身自带音乐，下面将视频中的音频分离出来。方法：在时间线中右键单击主轨道上的视频，从弹出的快捷菜单中选择"分离音频"命令，此时视频中的音频就被分离出来了，如图8-205所示。

2）制作音乐的淡出效果。方法：在时间线中选择分离出来的音乐，然后在"音频"选项卡的"基本"子选项卡中将"淡出时长"设置为5s，如图8-206所示。

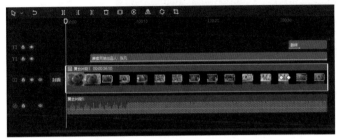

图 8-205　将视频中的音频分离出来　　　　图 8-206　将"淡出时长"设置为5s

3）按空格键预览，就可以听到音乐在片尾结束位置的十分自然的淡出效果了。

8. 输出视频

1）在文件名称设置区中将文件名重命名为"片尾动画效果"，然后单击右上方的 ⬆导出 按钮，如图8-207所示。再在弹出的"导出"对话框中单击"导出至"后面的 📁 按钮，如图8-208所示，接着从弹出的"请选择导出路径"对话框中选择输出视频所在的文件夹，再单击 选择文件夹 按钮，如图8-209所示，回到"导出"对话框。最后单击 ⬆导出 按钮进行导出。

图 8-207　将文件名重命名后单击 ⬆导出 按钮

图 8-208　单击"导出至"后面的 📁 按钮　　　图 8-209　单击 选择文件夹 按钮

2）当视频导出完成后，会显示图8-210所示的对话框，此时如果要将导出的视频发布到用户的"抖音"或"西瓜视频"账号上，单击 发布 按钮即可。如果不需要发布到网上，单击 关闭 按钮即可。

图 8-210 视频导出完成后的对话框

3）至此，"片尾动画效果 .mp4"视频导出完毕。

8.4 制作带实时字幕的虚拟讲解数字人

 要点：

本例将利用剪映的 AI 功能制作一个逼真的带实时字幕的虚拟数字人讲解效果，如图 8-211 所示。通过本例的学习，读者应掌握添加数字人和实时字幕的制作方法。

图 8-211 带实时字幕的虚拟讲解数字人

 操作步骤：

1. 添加虚拟数字人

1）启动剪映专业版，然后单击"开始创作"按钮，新建一个草稿文件。

2）在素材面板中单击"文本"，再单击"默认文本"右下角的 ⊕ 号，从而在时间线中添加一个默认文本，如图 8-212 所示。

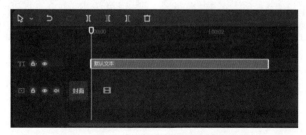

图 8-212 在时间线中添加默认文本

3）打开网盘中的"源文件 \8.4 制作带实时字幕的虚拟讲解数字人 \ 文案 .docx"文件，当前文案包含 375 个汉字，如图 8-213 所示，而剪映一次最多只能粘贴 298 个汉字，因此需要将文案中的文字分两次粘贴到剪映中。方法：选中第一段文字，如图 8-214 所示，按快捷键〈Ctrl+C〉复制，然后在剪映"文本"选项卡的"基础"子选项卡中选择"默认文本"，如图 8-215 所示，按快捷键〈Ctrl+V〉进行粘贴，如图 8-216 所示。

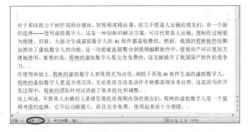

图 8-213　当前文案包含 375 个汉字

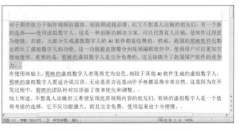

图 8-214　选中第一段文字

图 8-215　选择"默认文本"

图 8-216　粘贴文本

4）将文案中的其余文字也粘贴到剪映中。方法：在时间线中选择粘贴的文字素材，如图 8-217 所示，然后按快捷键〈Ctrl+C〉复制，接着将时间定位在文本素材结束的位置，按快捷键〈Ctrl+V〉进行粘贴，如图 8-218 所示。

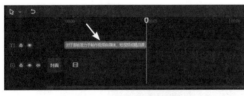

图 8-217　选择粘贴的文字素材

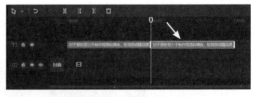

图 8-218　再次粘贴的文字素材

5）回到"文案 .docx"文件，然后选择其余的文字，按快捷键〈Ctrl+C〉复制，再在剪映"文本"选项卡的"基础"子选项卡中选择原有文字，按快捷键〈Ctrl+V〉进行粘贴。

6）在时间线中隐藏文字轨道，然后在"数字人"选项卡中单击"美姨 - 优雅"数字人试听声音，接着单击 添加数字人 按钮，如图 8-219 所示，在时间线中添加数字人，此时会出现图 8-220 所示的"数字人音频生成中 ..."界面，当数字人生成后在时间线左侧会出现将数字人与字幕进行口型对位的渲染进度，如图 8-221 所示。

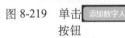

图 8-219 单击 添加数字人 按钮

图 8-220 "数字人音频生成中 ..."界面

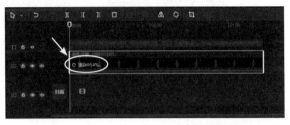

图 8-221 数字人与字幕进行口型对位的渲染进度

7）当渲染完成后，按空格键预览，就可以看到与字幕完全匹配的虚拟数字人讲解效果了，如图 8-222 所示。

图 8-222 预览效果

8）输出视频。方法：在文件名称设置区中将文件名重命名为"虚拟讲解数字人"，然后单击右上方的 导出 按钮，将视频进行导出。

2. 添加实时字幕

1）执行菜单中的"菜单→新建→新建草稿"命令，新建一个草稿文件。然后单击"导入"按钮，导入刚才输出的"虚拟讲解数字人 .mp4"，接着将其拖入时间线主轨道，如图 8-223 所示。

2）在素材面板中单击"文本"，然后在左侧选择"智能字幕"，再在右侧勾选"同时清空已有字幕"复选框，接着单击 开始识别 按钮，如图 8-224 所示，此时会出现图 8-225 所示的"字幕识别中 ..."界面，当字幕识别完成后，时间线中会显示出识别的字幕，如图 8-226 所示。

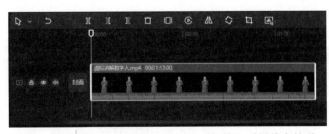

图 8-223 将"虚拟讲解数字人 .mp4"拖入时间线主轨道

图 8-224 单击 开始识别 按钮

图 8-225 "字幕识别中 ..."界面

图 8-226 时间线中会显示出识别的字幕

3）按空格键预览,就可以看到带实时字幕的虚拟讲解数字人的效果了,如图 8-227 所示。

4）但是此时整体字幕在垂直方向上位置偏上了,下面在"文本"选项卡的"基础"子选项卡中将"位置"的"Y"的数值设置为 -900,如图 8-228 所示,此时整体字幕的位置就合适了,如图 8-229 所示。

图 8-227 带实时字幕的虚拟讲解数字人的效果

图 8-228 将"位置"的"Y"的数值设置为 -900

图 8-229 将"位置"的"Y"的数值设置为 -900 的效果

5）输出视频。方法:在文件名称设置区中将文件名重命名为"带实时字幕的虚拟讲解数字人",然后单击右上方的 $\fbox{导出}$ 按钮,再在弹出的"导出"对话框中单击"导出至"后面的 $\fbox{}$ 按钮,如图 8-230 所示,接着从弹出的"请选择导出路径"对话框中选择输出视频所在的文件夹,再单击 $\fbox{选择文件夹}$ 按钮,如图 8-231 所示,回到"导出"对话框。最后单击 $\fbox{导出}$ 按钮进行导出。

图 8-230 单击"导出至"后面的 $\fbox{}$ 按钮

图 8-231 单击 $\fbox{选择文件夹}$ 按钮

6）当视频导出完成后，会显示图 8-232 所示的对话框，此时如果要将导出的视频发布到用户的"抖音"或"西瓜视频"账号上，单击 发布 按钮即可，如果不需要发布到网上，单击 关闭 按钮即可。

图 8-232　视频导出完成后的对话框

8.5　课后练习

利用剪映自带素材制作一种以世界风景为题材的片尾动画效果。